超越邻里单位

——居住环境与公共政策

[美] 特里迪布・班纳吉　[美] 威廉・克里斯托弗・贝尔　著
李　丽　译

江苏凤凰科学技术出版社

图书在版编目（CIP）数据

超越邻里单位 ：居住环境与公共政策 /（美）特里迪布·班纳吉，（美）威廉·克里斯托弗·贝尔著 ；李丽译．-- 南京 ：江苏凤凰科学技术出版社，2018.1
ISBN 978-7-5537-6828-1

Ⅰ．①超… Ⅱ．①特… ②威… ③李… Ⅲ．①居住区-城市规划-研究-洛杉矶 Ⅳ．① TU984.12

中国版本图书馆 CIP 数据核字 (2017) 第 238494 号

江苏省版权局著作权合同登记　图字：10-2016-298 号
Translation from the English language edition：
Beyond the Neighborhood Unit. Residential Environments and Public Policy
by Tridib Banerjee and William C. Baer

超越邻里单位——居住环境与公共政策

著　　者　[美] 特里迪布·班纳吉　[美] 威廉·克里斯托弗·贝尔
译　　者　李　丽
项目策划　凤凰空间/郑亚男
责任编辑　刘屹立　赵　研
特约编辑　苑　圆

出版发行　江苏凤凰科学技术出版社
出版社地址　南京市湖南路1号A楼　邮编：210009
出版社网址　http://www.pspress.cn
总　经　销　天津凤凰空间文化传媒有限公司
总经销网址　http://www.ifengspace.cn
印　　刷　北京建宏印刷有限公司

开　　本　710 mm×1000 mm　1/16
印　　张　20
字　　数　160 000
版　　次　2018年1月第1版
印　　次　2024年1月第2次印刷

标准书号　ISBN 978-7-5537-6828-1
定　　价　68.00元

献给洛杉矶地区的 475 位居民。感谢他们欣然同意与我们分享自己的居住生活体验，帮助我们最终领悟到居住环境在人们生活中的意义和重要性。

本书由

大连市人民政府资助出版

The published book is sponsored

by the Dalian Municipal Government

前　言

本书所依据的大部分研究内容，是由十年前的两笔独立基金资助的。这两笔基金分别来自美国公共卫生署（the U.S. Public Health Service）的两个不同机构，公共卫生署当时隶属于美国卫生教育福利部（Department of Health, Education and Welfare）。其中，第一笔基金（公共卫生署研究基金 1-R01 EM 0049-02）来自美国的社区环境管理局（the Bureau of Community Environmental Management），第二笔基金（公共卫生署研究基金 R01 MH 24904-02）来自美国国立精神卫生研究所（the National Institute of Mental Health, NIHM）的都市问题研究中心（the Center for Studies of Metropolitan Problems）。预算一减再减，原来的研究计划也只好相应缩减，因此这两笔独立基金对于项目研究来说极为必要。幸运的是，我们又得到了美国国立精神卫生研究所的后续援助，使研究工作得以完成。实际上，一个像我们这样的研究范围和意图的项目，即使以缩减形式完成，恐怕也不大可能在 20 世纪 80 年代得到资助。

这个项目的研究计划是由我们的两位同事——艾拉·鲁滨逊（Ira Robinson）和艾伦·科莱蒂特（Alan Kreditor）拟定的。更早的概念化构思则来自他们的前辈们，这些前辈都是美国公共卫生协会（the American Public Health Association, APHA）下属的规划师和社会学家咨询委员会成员。正如上述人员所构想和策划的那样，项目初衷原本是要重编《邻里规划》，即美国公共卫生协会推荐的居住设计标准。当时有人特别提议，这项新研究一定要站在使用者的立场上来制订居住标准。长久以来，居住标准的那些考虑因素（比如设计师的偏好、建造商和材料供应商的要求，以及贷款机构对按揭抵押的需要等）一直由私营部门所掌控，即使有公共利益（在健康、安全和福利等方面）介入，这些标准也只是关注物质方面，而且只注重预防。因此，重新制定这些标准，就可以重点关注使用者的偏好，审视他们的满意度状况，从而增加他们所关注的问题，促进人们的身心健康。

研究原本分为三个阶段。第一阶段，对不同群组的人（按照收入阶层、种族和所处家庭周期阶段筛选分组）进行采访，引导他们说出关于宜居环境的想法。第二阶段，对这些资料信息进行分析，并将其转化为满足所有群体需要的修订版规划标准。最后阶段将包括一个"游戏"，这个"游戏"由所有重要的参与者（环境设计人员、建筑商与房地产开发商、贷款机构以及城市管理者等）组成。在游戏里，上述试验性标准的实用性和有效性将得到检验。根据"游戏"结果，试验性标准将在最终出版前做出修正。

然而，正如前面解释过的那样，预算多次削减，导致要求的研究目标和范围都在项目启动后做了相当大的调整。样本量减少了，第二阶段的内容只完成了一部分（资料信息分析部分），而第三阶段则完全删掉了。

从一个方面来说，这样的结果令人遗憾，因为这个项目极有希望促成有关部门制定出最新水平的标准。然而，换个角度来看，我们的部分工作也有预料之外的收获，在原有问题上获得的某些观点，是项目最初策划时所不曾想到的。

举例来说,最初项目的一个附属目的,是要寻找一些新的方法,以便地方规划人员可以根据人们的特殊需要,采用适合于各自区域的标准。因此,我们遵循了技术顾问小组大力推荐的研究方法,即以人们的住区活动为导向,而不仅仅以住区的实体布局和提供的设施为导向。此外,我们还尝试引导人们对偏好进行权衡取舍(即:他们愿意在多大程度上牺牲某种属性,来换取另一种属性在一定程度上有所增加)。上述两种方法对于社会科学来说都很新颖,我们也从这两方面都得出一个结论,即:在从当前调查结果中得出任何政策性结论之前,开展更多方法学方面的研究工作是极为必要的。

其次,我们现在认为,按照标准进行资源配置的公平性问题一直没有受到足够重视。然而,这些问题已经是当下关于公共服务提供机制不平等模式及其成因的论争焦点。我们还一致认为,在编制新标准之前,首先处理这些根本性的概念问题,才是重中之重。

另外,研究项目在最初策划时的焦点目标是制定标准,所以,当时并没有充分认识到设计范式对居住环境规划和设计所具有的重要指导意义,甚至还没有对此形成适当的概念化。邻里单位思想的前提条件虽说在一开始就受到严格审视,但当时人们最为关心的,却是这一思想能否持续地作为未来居住标准的组织模式。人们虽然心照不宣地否定了邻里单位思想的有效性,却从未考虑过是否有可能发展其他可供选择的设计范式。此外,在研究初期,我们仍然以这样的理念——居住质量只是公共政策在邻里层面的作用结果——为指导,还没有在城市层面的设计和公共政策框架下来阐释这一问题。本书所要倡导的，正是这一点。

因此，我们相信，本书呈现的尽管只是最初任务的缩减版本，但仍然有理由证明其价值所在。首先，如开篇所述，即使本书的研究范围已有所缩减，也很难在20世纪80年代甚至在可预见的未来得到基金资助。这项工作的确耗资巨大。

此外，研究中获得的资料信息具有重要的区域导向性。大多数与住宅开发有关的社会科学研究成果都倾向于北部和东部地区，不仅实体开发方面的研究是这样，与实体开发相关的生活方式方面的研究也是如此。这种倾向性并非深思熟虑的结果，只不过反映了大多数研究机构的所处位置而已。然而，一方面，以汽车为主要交通手段的建设活动深入人心，城市形态呈现向低密度、不规则蔓延发展的趋势；另一方面，人口又出现朝向南部和西南部迁移和发展的趋势，再加上加利福尼亚州南部地区又是郊区生活方式的典范，在这样的情况下，来自洛杉矶地区的资料信息就可以恰到好处地弥补过去居住研究中的不足之处。另外，如果我们要着眼于未来的城市发展问题，而不仅仅针对现状或以前的问题来制定政策，那么，研究结果就应该在未来的十年里一直保持适用性。

最后，我们认为，研究项目虽然历时漫长，但在这段时间里，不同社会群体居住体验的本质并没有发生显著变化。我们坚信，尽管人们的消费模式和生活方式发生了些许微小但在预料之内的变化，然而存在于不同社会群体居住体验中的种种不公平和不平等现象，其基本模式在本质上并没有多大改变。事实上，当前经济衰退，政府在社会项目上削减开支，再加上“住房危机”出现，这些甚至可能已经加剧了我们在研究中所阐述的那些不平等模式。不过，在开展研究的这些年里，真正发生显著变化的，倒是我们对问题的认识。在某种程度上，这种变化正是我们自身发展的结果，也是这一特定领域以及规划领域总体知识内容普遍丰富的结果。但是，更为重要的是，正是这项研究的最初调查结果，才形成了我们的观点，并对本书讨论产生了影响。

特里迪布·班纳吉

威廉·克里斯托弗·贝尔

目　录

1 导 论

本书介绍的是大都市地区不同社会群体的居住生活体验，以及这些体验对于环境设计和公共政策的意义所在。居住环境是生活品质体验的一个重要方面，良好的居住环境可以提高人们的生活满意度和个人的总体幸福感。环境设计和公共政策是塑造居住环境品质的两个重要方面。因此，不论是设计人员，还是公共政策的制定者，都应该了解人们如何感知、利用、想象和评价他们的居住环境，了解人们对环境有哪些需求和期许。如果对社会和人类的意图缺乏了解，那么建造良好的环境就只能是一句空话。

这就是我们的研究动机。我们认为（也有其他学者这样认为）[1]，环境设计和公共政策塑造了大部分的既有居住环境，但这些设计和政策却通常是在没有实证研究的情况下形成的。不过我们也相信，这种缺失以后不会再归咎于实证研究本身的缺乏，而是在于同设计人员通常面临的问题相比，实证研究提出了什么样的问题，又采取了什么样的研究形式。实证研究与设计问题之间的脱节由来已久。因此，这本书写作的第二个目的，就是要抛砖引玉，把有用的研究推介给社会学家，也推介给环境设计人员。为此，我们不仅公布了研究结果，还探讨了这些研究结果对未来居住环境的规划和设计将会产生怎样的影响。

本研究的核心内容是广受欢迎的居住设计范式[2]——**邻里单位**。邻里单位设计范式虽然没有任何科学依据，却作为设计理念而广泛应用于美国和世界其他地区；这种范式尽管在初期就不断地受到抨击，却依然持续存在——甚至兴盛——长达50年之久。邻里单位思想不仅对居住生活体验的既有品质意义重大，同时又蕴含着物质决定论与社会决定论之间由来已久的争论，蕴含着政策分析与政策制定之间的种种分歧，以及艺术与科学之间在本质意义上的勾连关系和两难境地。

不论是在设计实践方面还是在设计理论方面，邻里单位思想都既饱受诟病又应用广泛，而且还一直是社会科学领域的研究焦点，这就使其顺理成章地成为我们建立研究的核心基础。**但是，必须首先澄清的是，本研究工作的重点并不是“邻里单位”本身，而是我们所称作的“住区”**。人们通常用**邻里单位**思想来强调对现有规划范式的研究，而我们则主要使用**住区**这个概念来阐述研究结果。我们认为，**邻里**一词在定位上过于局限，难以完全捕捉到受访者的感知和评价，而且在研究人员之间，这一术语的价值取向（无论是赞成者还是反对者）也过于“含糊不清”，无法展开公正客观的讨论。相反，**住区**一词的内涵则要中性一些。在调查过程中，受访者对自己所在“住区”都进行了描述，随着这一过程的逐步呈现，**住区**的准确含义也会越来越清晰起来。

邻里单位：研究与设计的难题

邻里单位思想最初形成于20世纪20年代，它以具体条款提出了特定人口规模的邻里布局模型，明确规定了住宅、街道和配套设施等实体配置。邻里单位思想以当时流行的土地用途分离和人车交通分流理念为基础，强调边界和向内聚拢的核心。因此，邻里单位是细胞式的，而且相对独立，可以作为结构单元的形式用于构建更大的邻里式都市区域。

在20世纪40年代后期，颇具声望的美国公共卫生协会以邻里单位思想为依据，编制了“健康与卫生”标准，用于居住环境的规划、设计和管理。随后，各种专业组织和公共机构纷纷采纳、改进这一思想，并使其制度化。在美国，许多地方性规划指南和区划条例都纳入了邻里单位思想，在世界其他地区，人们也采用这一理念进行新城镇开发。规划人员接受其创造社区感的作用；公共机构接受其保护（且促进）公共健康、公共安全和公共福利的用途；私营开发商和贷款机构则寻求其对财产价值和投资决策的保障作用。在长逾五十年的时间里，邻里单位思想实质上已经成为组织居住空间形式的唯一依据。即使有时并没有明确地援用这一理念，其前提和观念对居住规划和设计也起到了一定的指导作用。可以说，邻里单位思想立论无可挑剔，其地位也无可撼动，其应用又无所不在。但是，这一范式真的无懈可击吗（图1.1~图1.3）？

自20世纪40年代后期开始，邻里单位思想一直饱受抨击。一些规划人员质疑其造成了不可预知的后果，许多社会科学家们则对其前提表示怀疑。因此，有人认为，邻里单位思想会显示出社会分化：它鼓励和助长越来越遭到社会摒弃的隔离思想；强调物理环境是居住生活质量的主要决定性因素，而实际上社会环境的作用却更为突出；这是一项日趋淘汰的对策，所针对的只是往昔农村流动人口对具有庇护作用的村庄般生活的渴望，而城市居民已经变得越来越都市化，非场所化的都市区域才是令人满意的环境。

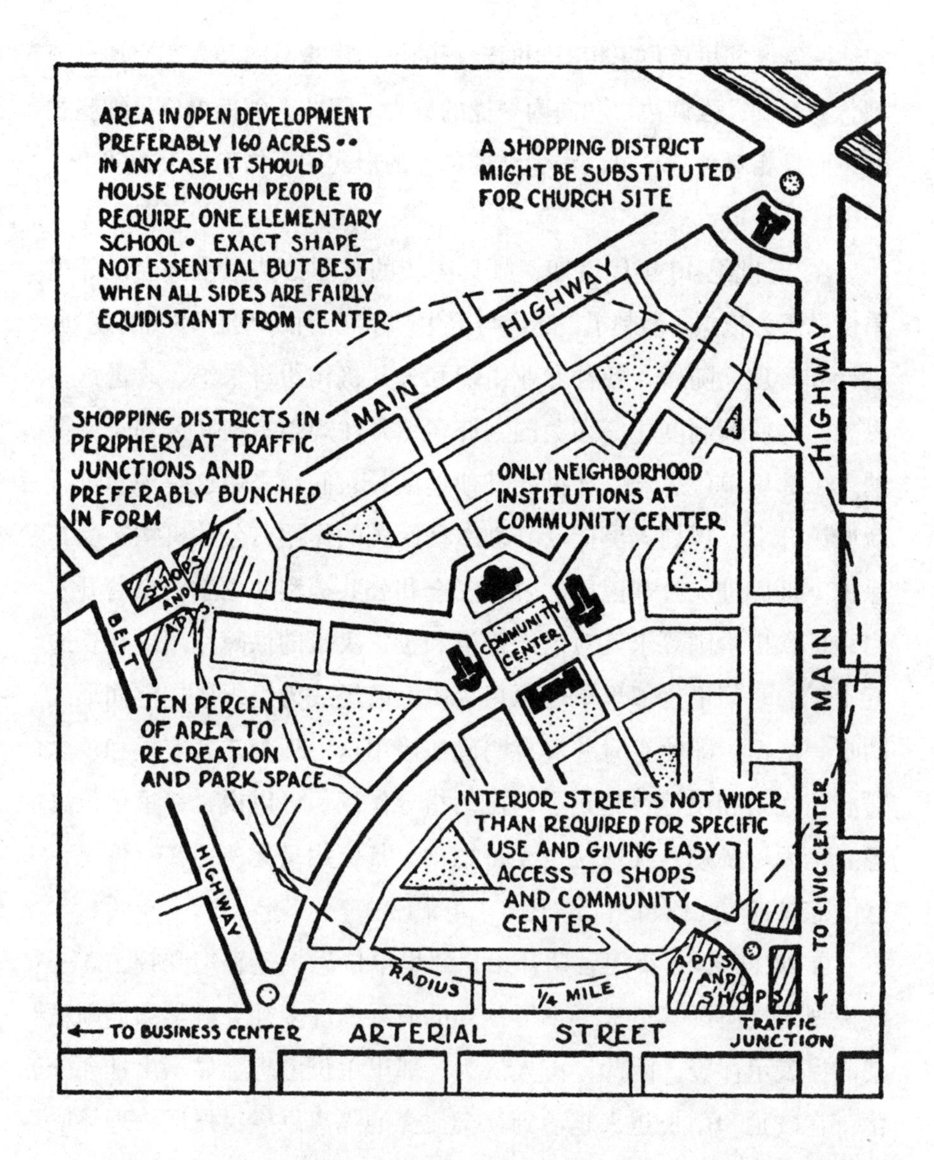

图 1.1 最初为纽约区域性规划构想的邻里单位原则。[图片来源：纽约及其周边地区区域规划委员会（*Committee on Regional Plan of New York and Its Environs*），《纽约及其周边地区区域调查》，第七卷，纽约，1929 年（*Regional Survey of New York and Its Environs, vol. vii, New York,* 1929）。经区域规划协会许可后复制。]

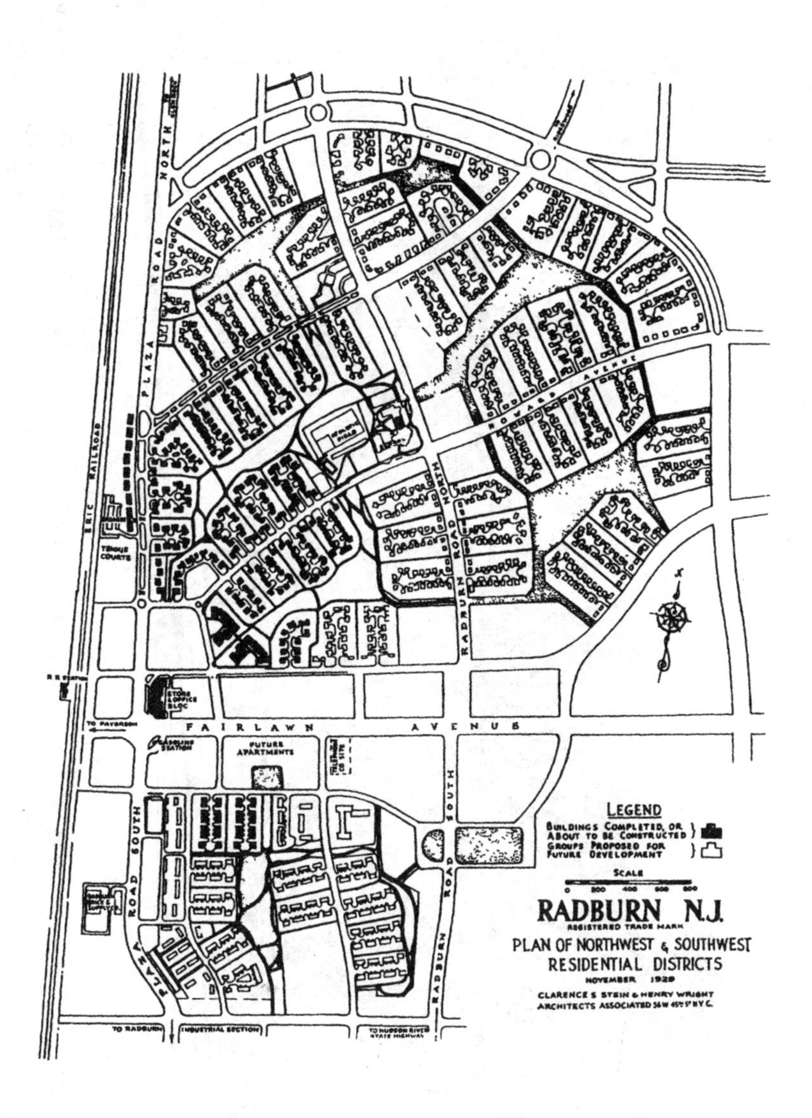

图 1.2 邻里单位原则在雷德朋新城总体规划中的应用。[图片来源：克拉伦斯·S·斯坦（*C.S.Stein*），《走向美国新城镇》。剑桥：麻省理工学院出版社，1957 年（*Toward New Towns for America. Cambridge: M.I.T. Press*, 1957）。1957 年版权为克拉伦斯·S·斯坦所有。经麻省理工学院出版社许可后复制。]

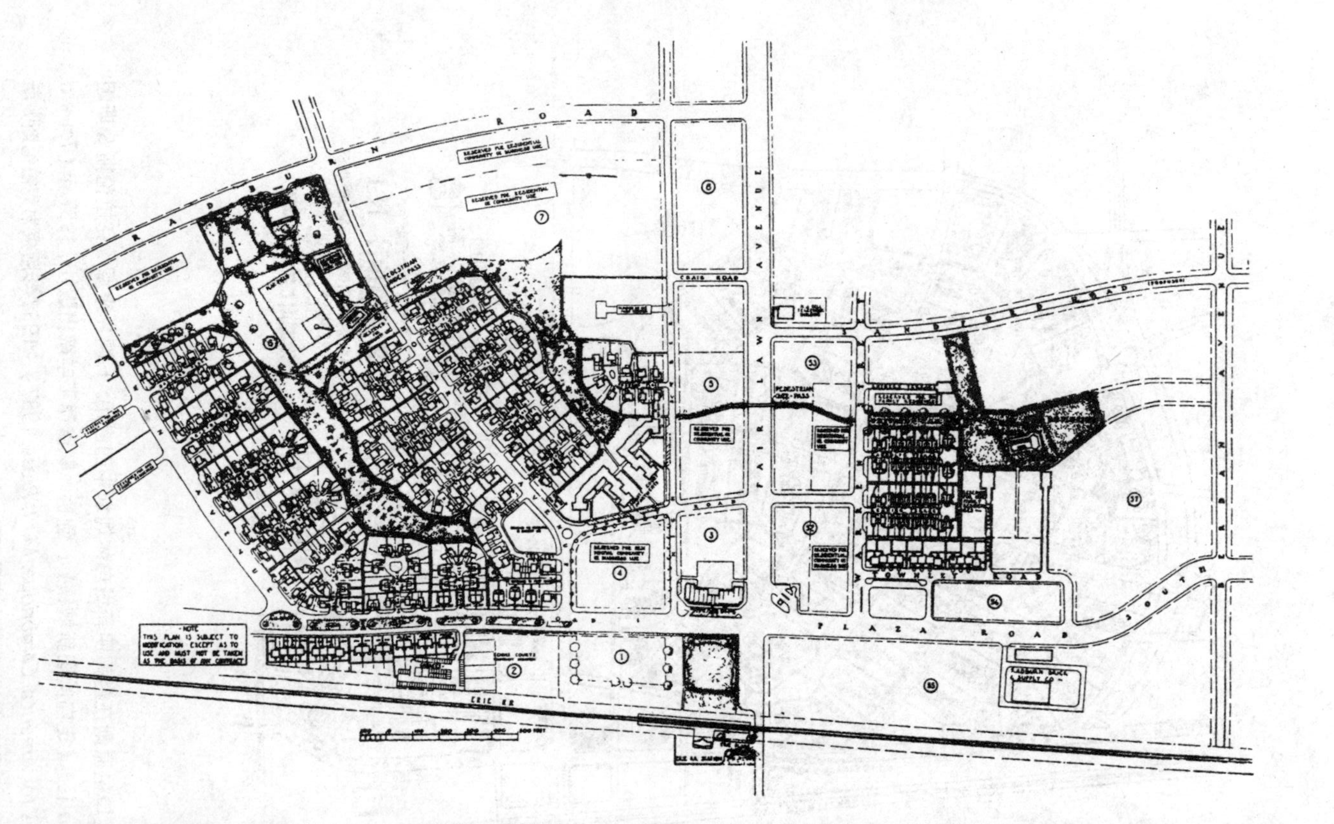

图 1.3 某居住区详细规划，显示出邻里单位原则与超大街区理念的结合。［图片来源：克拉伦斯·S·斯坦，《走向美国新城镇》。剑桥：麻省理工学院出版社，1957 年（*C.S. Stein, Toward New Towns for America. Cambridge: M.I.T.Press*, 1957。）1957 年版权为克拉伦斯S斯坦所有。经麻省理工学院出版社许可后复制。］

这些早期的批判之声多出于推测，但是近来，美国国内外都涌现出大量的研究，使批判这一思想的极端态势有所缓和。这些都表明，邻里思想虽然一定程度上的确有助于为居民提供一种场所感，然而人们的生活要比以前设想的样子复杂得多，至少比邻里单位思想所可能带来的更为丰富多彩。

但是尽管有这样的争论，也出现了各种各样的研究，能够应对这些不足之处的替代性范式却从未出现过。通常来说，任何一个行业都存在相互对立的理论，都具有选择性假设，或者在解决具体问题时会出现意见相左的思想派别。可是，在居住设计领域，我们却发现根本别无选择。你要么相信邻里单位思想，走向不可知论的境地；要么就不相信邻里单位思想，走向无神论的境地。邻里单位思想根本没有竞争对手——至今也没有！

那么，邻里单位究竟从何而来呢？对这个问题的回答会清晰地揭示出一个难题，那是为满足设计师需要而制定科学研究时所面临的诸多根本性困难之一。邻里单位构想并非由受过科学训练的无数个体对某个假设多年潜心验证之后的结果。确切地说，这一构想完全来自克拉伦斯·佩里（Clarence Perry）一个人的灵光闪现。甚至，这一结果既不是佩里对研究结果精心筛选得来的，也不是他综合各种居住行为迹象构建而成的。相反，邻里单位思想是整体创造出来的，由以前的设计经验修改而来，并且反映的也是佩里时代的知识思想。可以说，佩里提出来的并不是一个经得住他人严格推敲和检验的科学的理论，而只是一种人们深信不疑、广泛应用的设计模式。

设计艺术与科学在基本认识论上存在着差异性。对科学家而言，其关键词是**分析**——即将整体分解成若干个组成部分。对设计师而言，其关键词则是**综合**——即把若干个组成部分或元素综合或组合起来，从而形成一个整体。科学家们只有在详细地了解每个组成部分之后才能理解整体；而设计师们则要参照整体之后才能洞悉各个组成部分。这是一种有意夸张的表述方式。科学并非无视综合，设计也不是忽略分析，只是各自的动因不同而已。

我们关注的问题是，如何把一个专业的知识转化为另一个专业的知识。一方面我们发现，社会科学的研究结果尽管与设计人员相关，但在设计人员随后的设计实践中却并没有表现出多大价值。社会科学家们常常任其研究成果零散分布，对如何把这些研究成果组织成整体却不加以指导。另一方面，设计人员所做的方案，或者叫“简介”，又总是编制得错综复杂，以至于社会科学家们常常无法全面理解设计师所面对的问题。他们只能去探究其中的某个组成部分,意识不到他们真正需要处理的倒是那个整体。设计师们接受的训练，是如何创造“令人满意的”艺术，或者如何形成使项目得以实现的“次优”解决方案（即任何一个组成部分都不是十分完美或“正确”，但每个组成部分却都恰好与其他部分完美契合）。然而，科学家们接受的训练却不允许他们承认这样的原则是正确的，他们会给出只有部分成立的理论，然后期待着有朝一日，会有其他人来处理好其“正确”（最佳）表述方式中缺失掉的那部分。总之，科学家们是为了使理论的每个组成部分都成为绝对真理而奋斗（哪怕其中的某些部分必须缺失一段时间），而设计师们则接受部分真理的存在，只要这些组成部分足以形成某种程度上的整体即可。二者的不同之处在于，科学家和设计师各自目标不同。对于科学家而言，由片面真理组成的完整科学毫无价值，同样地，对于设计师而言，各组成部分均设计完美的半成品建筑，也同样毫无价值。

佩里关于邻里单位的构想之所以成功，不在于其阐述了一套经过科学推导而来的研究结果，而在于第一次为设计师们提供了一个把城市组织成子分区的手段——即使现实中未必如此，至少从理念上是这样的。这一手段似乎正好满足了人们对理想都市生活在社交、管理、服务等方面的种种要求。此外，这一构想还把20世纪初期人们认为至关重要的一系列社会价值观念整合起来，形成一种环境设计人员可以理解和利用的实体形式。

从大体上说，环境设计具有范式[3]的属性，倾向于利用预想的整体模型或模式作为依据，而不是每次都由理论或实证研究结果（而且是从头开始）直接推演形成。因此，在很大程度上，设计都是由某种受到认可的风格主题经过种种演变构成，而不是针对每一个设计问题都从无到有地构想完全原创的设计理念。这是专业设计人员的一贯做法，城市设计的历史无疑很好地证明了这一点（Lynch，1981），一些设计理论家们也认为这样做大有裨益，各种范式正是高效设计创作的源泉（Alexander et al.，1977）。但是，这些设计范式却缺少科学领域的那种不断自我质疑的过程，也没有对有效性进行反复验证的传统。设计是为人而做的，而人与社会又无时无刻不处于变化之中，因而一种设计范式可能在一个时代是正确的，而在另一个时代却可能是不正确的，这种风险总是存在。对设计而言，相互矛盾的范式通常也起到某种验证作用，但是，如前所述，邻里单位却别无替代。就这样，邻里单位尽管已经过时落伍，却仍然经久不衰[4]。

我们已经提到过邻里单位曾经饱受诟病，对此将在下一章以较长篇幅进行阐述。这些批评都对邻里单位思想的构建基础提出了质疑。不过我们还要表明的是，无论这一思想在20世纪20年代形成之初多么功绩斐然，可是时代变了，社会的价值观也随之发生改变，那么相应地，这一思想的相关性也就随之减弱了。例如，20 世纪 20 年代的社会共识是解决公共健康与卫生、“社会改良”与实体设计等问题，后者在当时还不为人们所充分理解。与这一共识联系在一起的，是如今备受怀疑的物质决定论观念。20 世纪 20 年代社会关注的问题还包括农村—城市间的人口迁移、公民的义务和责任，以及通常意义上的近代改良运动传统等，其中改良运动曾经在一系列的政策方面有所体现（Lubove，1962），可是现在，这些问题也都不那么重要了。另外，邻里单位范式还假定了一种文化同质性，这种同质性即使曾经存在过，在今天无疑也不那么明显，因而也就不那么适用了。当前，种族和文化的多元化是我们的民族政治信仰中广为接受的原则，这种多元化体现在各个方面，也包括日常的居住生活。因此，不同种族和族裔群体的需求和选择偏好就可能存在差异性，而且，如同 1980 年人口普查数据所显示的那样，这类群体在都市人口中所占的比例也越来越大。

有子女的家庭是邻里单位居民的典型代表，他们曾经完全主导了住房市场的需求决策，但是，这样的时代已经一去不复返了。单身者、“混居者”、无子女的职业夫妻、坚持不与子女或亲属同住的老人、同性恋者以及其他倡导另类生活方式的人们，所有这些人共同组成的群体在住房市场中所占比例比以往更大，而且每个群体都有各自的价值观念，因而也有各自的居住需求，这些都或多或少地与当初邻里单位思想所体现的家庭价值观相抵触。

最后一点，近来还有人对当前公共政策基础的种种假设提出了质疑，而那些政策都影响着居住环境的品质。大部分的政策都是依据专业规划人员和商人们发布的设计标准制定出来的，而对于那些必须生活在政策影响区域上的人们给予的考虑，不过敷衍了事而已。那些设计标准又总是基于规划人员、供应商、贷款人抑或生产商等方面的技术判断和价值判断，而不是基于使用者的体验和评价。这样做的结果，就把某些价值观念武断地强加给了使用群体，也把原本属于职业人员偏好而非使用者偏好的资源配置模式，强加在使用者身上。此外，还有人认为，这样的标准和要求，往往会加剧为不同人口群体提供居住环境的某些不平等现象。这些问题虽然以前也有人提出来过，但是一直都没有人研究过，或者严谨调查过。

上述这些就是邻里研究中还有待于探讨的方面，我们力求扭转这一局面。此外，确实存在的为数不多的研究也都没有针对公共决策的制定者和公共政策本身。我们也一直努力填补这项空白。因此，我们重新梳理了关于邻里单位的许多问题——这样做，并非仅仅为了确定为什么这一范式可能不再有效，更重要的，是为了将一些可能暗示了全新设计范式的线索整合起来。

研究缘起

必须坦率地承认一点：本书的研究范围、定位和意图，与最初的研究目标（以及同事们的研究目标）相比都略有出入。本书所呈现的观点，是我们参与的一项更为全面性的研究工作的结果，许多南加利福尼亚大学的同事和学生们都参与了此项工作。为了让大家了解我们所阐述成果的来龙去脉，有必要简要勾勒一下这项大规模研究工作的缘起和目的。

前面已经提到过，美国公共卫生协会按照其下属的住房卫生委员会（the Hygiene of Housing）构想，在20世纪40年代末出版的《邻里规划》（Planning the Neighborhood）中纳入了邻里单位思想。邻里单位作为居住设计方面最早“被认可的”官方规划思想之一，其标准、原则和假设条件都被纳入后续的各项工作中。但是，由于历时久远，这一思想也成为众矢之的。美国公共卫生协会和美国公共卫生署这两个机构对邻里单位的应用和发展最为关注，它们早在 20 世纪 60 年代就开始对其有效性表示疑虑。从根本上说，对邻里单位的批评有两个方面：（1）所推荐的标准本身是否具有有效性；（2）“邻里单位”是否可以用作现行推荐标准的依据。

鉴于这些批评，美国城市与工业卫生中心（the National Center for Urban and Industrial Health，美国公共卫生署下属）的城市环境卫生规划办公室（the Office of Urban Environmental Health Planning）数年来一直关注规划标准的不足之处。因此，通过与美国公共卫生协会的住房与健康项目区域委员会（the Program Area Committee for Housing and Health）合作，城市环境卫生规划办公室继续开展工作，研究更适用也更有意义的居住环境标准。这项工作最初采取了多种多样的形式，包括专题讨论会、学术会议以及由住房、行为科学、规划和设计等方面权威人士提出建议书等。下面的这些具体建议就是由这些初期讨论逐步发展形成的。

第一，只有居住环境的使用者——而不是设计师、建筑商，也不是融资人——才应该成为研究的焦点，而且只有使用者的选择偏好、价值观和态度等，才应该得到认同，并成为决定相应的居住设计准则和标准的重要依据。但是，“使用者”并不是同质性的，其选择偏好也不具有同质性。使用者包括各种人群，他们的收入、种族背景、年龄以及在家庭或生命周期中所处阶段等都不尽相同。即使使用者具有相似的特征，也仍然可能拥有不同的价值观念，从而产生不同的选择偏好。这些问题就导致了两个相关的前提：（1）人口组成中，不同群体会以不同的实体元素（尤其是元素的属性，如位置和大小等）来满足各自的选择偏好，这些元素就构成了居住环境；（2）幸福感存在着社会心理上的“维度”，与物质和精神健康有关（如安全性和私密性等），这些维度可以借助实体环境而获得不同程度上的满足感，但是不同群体会借助不同的实体布局或组合，来达到同一维度的满意度。

第二，不应该在研究中，或在后续制定标准过程中，草率地应用邻里单位或任何其他空间增长方面的组织概念。不论邻里单位对环境设计和规划人员来说多么有价值，或者多么令人满意或引人入胜，但对于居住环境的居住者来说，其意义和实用性还有待确定。如果居民们也发现邻里单位是有用的，那么这样的组织手段就应该成为准则和标准的组成部分。否则，邻里单位之外的其他手段就有存在的必要性。不管怎样，居住场所和人口群体存在多样性，所以任何一套准则和标准都应该是灵活可变的，只有这样，才能适应这种多样性。

第三，灵活性意味着专业设计人员必须能够根据不同的情况来调整准则，修正标准。要做到这一点，专业人员不仅要有规范和标准，还必须清楚这些规范和标准是如何产生的，以便能够进行正确的修改。规划人员不能完全依赖于其他人制定的标准，在另一个场合、另一个时期、针对有不同需求的不同群体而应用这些标准。他们必须清楚，如何才能调整这些标准，来适应各自面对的那些通常都很独特的环境条件。

第四，研究必须起到两个不同作用。首先，研究结果只能被视为具有一定程度上的示范性，即代表了制定良好规划标准和规范所必需的某种信息，而不具备适用所有情况的权威性。其次，研究方法及其优缺点也必须阐述清楚。这样的论述对于专业人士来说才是有用的，他们才可能针对特定条件设计自己的研究方案，来应对所面对群体的种种需求。

第五，使用者的偏好固然要得到首要关注，但是也必须充分认识到，把这些偏好、价值观和态度等转换成准则和标准，会产生什么样的实际后果。对于居住环境的创造者或者提供者来说，标准和准则都必须有用、易于理解而且切实可行。使用者在理论上喜欢的是什么，创造者以使用者可以负担得起的成本能够建造出来的产品又是什么，这二者之间必然存在着权衡和取舍。以使用者偏好为依据制定的标准和准则，不仅要考虑建造和维护居住环境的公共成本，还必须考虑住宅的建造和融资体系的成本和影响。

1969 年，南加利福尼亚大学城市与区域规划研究所承担了一项居住环境研究工作，上述这些建议及其形成过程为这个项目提供了背景资料。研究项目的第一部分由美国公共卫生署下属的社区环境管理局提供资金资助。第二部分研究工作开始于 1973 年，得到了国立精神卫生研究所都市问题研究中心的资金资助。

我们把本项研究的起因归结为两点：不仅是为本书阐述的调查研究提供背景和说明，同时也为这些主要问题提供一个比研究项目范围更广的交流途径。研究工作尽管迫于财政原因受到颇多限制，但是我们认为，这些问题都极为重要，而且仍有待于探究。

不论最初的研究任务是否全面完成，抑或有所删减，那些基本问题仍然存在，这些问题关系到社会科学与设计艺术的融合，关系到科学研究成果的建构，所以，恰好符合设计人员的需要。

研究定位

研究采取的具体形式取决于以下几个因素。作为接受过哲学训练和社会科学方法训练的专业学者，我们认为，只要让人们更好地了解设计活动，就能够提高设计实践水平。具体地说，我们将要对过去设计实践在行为和经济方面产生的影响进行探究，从而更好地评估那些建议对未来工作将会产生的影响。

政策问题在新出现时常常处于模棱两可的状态，只有采用多样化手段才能处理那些界定不清的问题（Rittel and Webber，1973）。身为受过此种工作训练的规划人员，我们认为，可以把社会科学方法的重心放在住区设计的政策领域，这一方面尤其需要研究，纯理论性的社会科学家们却还没有意识到这一点。

但是，作为还受过设计训练的规划人员，我们也深知（有时出于个人经验），要将传统的社会科学研究成果融入到一项新设计中，这对于设计师来说是一件多么令人沮丧的事情（Bare and Banerjee，1977）。任何研究成果最终都表明，现象要远比预先想象的更为复杂，所以，设计人员需要的相对简单（但却具有整体性）的指导方针很少出现；事实上，真正出现的，似乎只是没完没了的限制性条件和附带条款，以及要求有更多研究的呼声。现实如此多变，又如此错综复杂，设计师们必须加以整合才能创造出解决方案，因此常常不堪重负地淹没在细枝末节之中。

社会科学领域的实证主义传统在这方面也毫无帮助。正如舍恩（Schon，1982）最近认为的那样，设计认识论完全不同于实证主义方法。设计通常以“个人的”或“隐性的”知识为基础，而不是以客观事实为基础（Polanyi，1958）。近来，把事实与价值分割开来的不当做法在社会科学界尽管越来越少，却仍然主宰着“科学”发现的进程。能更好地帮助设计从业者的替代性方案现在还一个也没有出现，人们也没有找到某种外在的逻辑，可以用来为有意义的设计细节进行排序。亚历山大（Alexander）的《形式综合论》（*Notes on the Synthesis of Form*，1964）就是一个例子，很好地说明了直接分析的设计途径最终如何不起作用，连他自己后来也摒弃了这种方法，而去寻找一种不那么直接的（但却是综合性的）方法，即“模式语言”（Alexander et al.，1977）。

因此，我们试图寻求这样一种研究策略，既在科学上有效，同时又要在专业实践上有用。这就意味着以下几点：首先，在资料信息收集阶段，我们想要采用的方法，不仅能为研究人员提供有价值的素材，更要为设计人员提供实用性的成果。其次，在资料信息分析阶段，我们必须精心研究调查结果，确定出哪些部分会确实对环境设计人员有用，这样，我们的论述和评论就可以限定在这些调查结果上。最后，除了要呈现资料信息、讨论这些资料信息的意义之外，还要继续深入，提出一个可以对资料信息进行评估和利用的试验性设计范式。

我们承认，居住环境尽管重要，但它既不是生活品质的唯一决定因素，甚至也算不上最重要的决定因素。例如，最近有证据表明，住房和居住环境固然重要，然而对幸福感的贡献却排在其他因素之后。人们认为，婚姻和家庭方面的考虑因素，工作、休闲时间和生活标准等因素，都要更为重要（Campbell，Converse and Rodgers，1976）。然而，这些更为重要的方面却并不适合公共政策干预，坎贝尔（Campbell）等人就曾指出过这一点。他们认为，成功地制定政府策略并不能提高人们在这些领域的满意度。相反，居住环境——

至少实体方面——却很容易受到政府政策的影响和干预。此外，就像坎贝尔等人（Campell，1976）所认为的那样，人们对居住环境的满意程度，实际上要低于人们对诸如婚姻与家庭、工作以及休闲时间等方面的满意程度，这一调查结果表明，对居住环境实施干预，也有望进一步提高人们对居住环境的满意度。

考虑到研究目的，我们把居住环境看作是一个社会空间模式（Lee et al.，1968），主要关注的是这个连续统一体的空间方面，以及居住环境的规划、设计和管理如何提高整体生活质量。我们尽可能地把研究重点放在那些最适合规划和设计人员控制的方面。

本书结构

我们在第2章介绍了邻里单位思想的背景情况，包括它的起源、潜在的价值观念、在行业和社会机构中的认同程度等，并对那些在一定程度上验证其有效性的实证性研究做了综述。在综述中，我们重点阐述了邻里和居住环境研究中的一些关键性概念问题，从而为研究结论提供了必需的背景依据。

第3章简要介绍了采访对象，包括他们在人口统计学和住房方面的特征以及他们生活的住区情况。这样做的目的，是为了让读者对回答问题的人，以及他们居住的区域有所了解。受访者在按照要求描述和评价各自住区的时候，所给出的回答都是开放式的，这一章运用大部分篇幅对这些开放式反馈进行总结。住区的真谛是什么？人们在概括各自居住环境时又会使用哪些关键性主题？这些反馈中可能就包含着对这些问题最全面而综合的认识。受访者在描述中反映出来的内容，完全可以称作为一个小型**社会**，其中包含了社会的、物理的、实用的甚至象征性等各种维度。这些开放式反馈还提供了一份当前环境评测基准的现状报告，我们利用其他更为客观的资料信息对这些反馈加以补充完善，补充信息来自采访内容的其他部分，这部分采访内容没有另外报道过。我们在书中引用了部分受访者本人的口述内容原文，以此尝试用一种不同的方式，来验证对这些开放式反馈的解读是否正确。最后，我们还收录了采访区域的一些照片，来对这些描述加以说明。

第 3 章汇报了受访者对住区的语言描述，第 4 章则对受访者用图示表达的住区个体意象和集体意象进行了总结。利用受访者绘制的地图，可以理解住区**形态**在所处位置上的各个方面：居民们感知到的边界，使用的路径，体验到的规模和面积大小，以及从语言描述中无法完全捕捉到的其他方面。受访者对二十二处住区分别绘制了地图，把每处住区的单张地图综合起来，就形成了该住区的复合地图。这些复合地图在形态特征上存在着显著的差异性。此外，这种绘制地图的方法恰好可以捕捉到人们对住区元素和设施的种种感受，这些正是规划人员可以操控、改变和进行组织的方面。在这一章里，我们还考察了邻里生活在当今是否仍然受到重视，以及在人们的思想观念里，邻里概念与住区概念究竟是什么样的关系。

在第 5 章，我们还要探讨住区的另一个概念——作为日常活动的**场所**。这一章所呈现的资料，都来自受访者对所在住区现存环境的硬件和活动设施的认同度，即：哪些项目是他们想要的，哪些是他们不想要的。这种探究使我们可以对构成理想环境的硬件和设施按功能需求进行列表。这一章还讨论了关系到整体居住幸福感的场所恶化和场所缺失概念，以及这些衡量标准会如何反映出阶层不平等性。

第 6 章回顾和总结了第 3 章至第 5 章所阐述的研究发现。这一章将调查结果整合起来，与第 6 章和第 7 章要提出来的问题联系在一起，并讨论其对公共政策产生的影响。

最后，第 7 章阐述了居住规划和设计需要替代性方案的理由。在各种争论背景下，我们简要回顾了以前的设计人员和社会学家们为构想可供选择的模式所做的各种尝试，并阐述了为什么这些尝试在许多方面还存在不足。我们对可供选择方案所必需考虑的种种因素进行了设想，也提出了一个替代性的方案，但更重要的是，我们把关注的焦点放在过程上，即：究竟怎样才能推演出这样的替代性方案。在这样做的同时，我们还试着建立一个规范的城市形态模型，用以解决城市资源分配中存在的不平等性和不公平性这一根本问题。按照这种规范性观点，我们尝试把环境设计实践与社会科学研究和公共政策问题整合在一起。我们得出的结论是，这种规范性模型虽然像邻里单位范式一样，也代表了一系列价值观念的融合，但是，与那些曾经使邻里单位在其出现的年代大为流行的价值观念相比，现在的价值观念已经在本质上截然不同。

在本书中，我们没有考虑为未来的居住环境制定具体的设计和规划方面的标准。不过，对于读者来说，有一点却是显而易见的，即第 3 章所阐述的内容，无疑可以看作是良好居住环境的**基本性能要求**。第 4 章内容则为设计人员提供了许多关于住区**未来形态构成**的观点。最后，第 5 章的资料信息更便于利用：既可以作为适宜的环境场所和硬件**规划清单**；也可以作为居住场所缺失和恶化的**指标**；还可以作为居住服务和设施的**选址标准**。所有这一切，都可以作为未来居住规划和设计的分区方案和详规方案的依据。

注释

1 实例可参见第 2 章的论述。

2 这里，不包括诸如规划单元开发（planned-unit-development）这样的创新性住房或场地规划理念。

3 此处指的是**范式**一词的常规用法（而不是托马斯•库恩在 1970 年用来描述“常规科学”研究时所采用的意义），也就是说，范式是一种模型或模式，“起着容许范例重复的作用，其中任一范例原则上都可用来代替这个范式”（Kuhn, 1970）[23]。

4 此处，我们与亚历山大（Alexander et al., 1977）等人的观点不同。亚历山大等人似乎过于信赖建造和设计的“永恒之道”，他们好像已经不大关心“模式”的退化，以及“模式”更新的必要性。关于“模式语言”的评述，参见 Protzen（Protzen, 1977）的相关论述。

2 邻里单位：一种设计范式

本章我们回顾一下关于邻里单位范式的思考。虽然邻里单位范式似乎在环境设计人员之间已是老调常谈，但是我们认为，他们对邻里单位的来龙去脉并不完全了解，对能更好地诠释这一理念各个组成部分的某些重要知识基础也常常一无所知。邻里单位不是一种为实现某些重新达成的社会目而创造的实体设计形式，实际上，它只是以三维的方式表达了某些潜在的文化观念和知识观念而已，这些观念曾经流行于世纪之交的美国改良主义思潮中。而且，邻里单位的本质和目标虽然充分体现了美国实用主义的倾向，但其根源却可以追溯到历史上最早的文明时期，所以，这一范式也浓缩了某些特殊设计原则的精华，这些设计原则至今已延续数千年之久。另外，邻里单位思想除了准确地捕捉到美国思想中的某些流行谱系之外，也获得了大多数当代社会团体的认可，这一点从世界各地的广泛应用即可见一斑。

利用邻里作为建造、组织和表现城市社会的方式，这种设计原则可以追溯到人类文明伊始。的确，芒福德（Mumford，1954）就曾经认为，邻里是一种“自然的事实”，只要一群人共享一个场所，邻里就存在了。在中国古代，邻里单位同家族制度和亲缘关系一样古老（Gordon，1946）。在埃及的象形文字中，用圆圈围绕一个空心十字就代表了城市，这个十字把城市划分成了四个区块，也就是四个“邻里”。在古希腊，米利都人的城市规划传统[1]提倡邻里单位要有明确且清晰可见的边界，以此作为社会或宗教隔离的主要手段。因此，图拉乌姆（Thurium，公元前443年）的新规划就表现为四纵三横的交通干道，形成十个邻里单位，每个邻里单位分配给一个特定的部落（Mumford，1961）。

邻里思想在古罗马和中世纪的城市中也屡见不鲜，只不过这些后来出现的邻里与古希腊先例有所不同，都没有做过细致的实体规划。古罗马城镇一般都是按照vici（因此我们才有了邻近vicinity这个词）组织起来的，这样做常常是为了便于管理，每个城镇都有自己的邻里中心和市场。后来，中世纪城镇的“四分区块”就发展成一个个自治单位，有独立的中心、市场，有时甚至还有独立的供水系统（Mumford，1961）。中世纪城市的四分区块虽然不如古希腊城市那样边界清晰，但都有物理上的中心，有场所感，而且，常常还由于教区组织的共性而产生一种识别性。

从上述简要历史回顾中可以清楚看到，人类很早就利用空间概念来组织城市社区。这些空间单位有的是人们为了按照家族、社会地位或者种族背景来划分人群而有意建造的；有的则是城市其他活动的产物：或者是主干道划分出来的中间地带；或者是帝王为统治之便而采用的类似街道这样的行政区；或者是逐水而居的聚居区等。还有一些证据表明，在古代城市中，基于共同的职业、宗教和社会网络而形成的“自然的”邻里也相当常见。

历史上的实例固然有趣，也说明人们一直倾向于把自己生活和工作的区域组织成可识别的单位，可是，却很难从这些实例中提炼出现代的设计原则。先例和偶然事件不足以推导出有科学依据的城市设计标准；历史实践也并不适合指导当今深受技术影响的生活方式；如果专业实践只墨守成规，那么人类精心积累起来的关于欲望与需求的认识，也就毫无用武之地了。

确实，按照现今的价值观来看，过去社区构成的许多目标本身就存在不足。古代城市借助刻意设置的邻里界限来强化隔离，而如今的目标则是要消除障碍，实现融合。在中世纪时期，邻里是自然而然地发展起来的，不需要有受到认可的设计思想，而我们当今社会所秉承的原则，则是要有意识地引导社区向提升幸福感的方向发展。因此，我们虽然可以在历史中找到过去邻里开发的实例，可以得到基本的空间单元组织方法，但是，要想倡导合理的居住设计原则、准则和标准，还应该寻求更合理的依据。

邻里思想及其历史

现在，我们再次把目光投向历史，讨论一下邻里单位理念在近期的发展情况以及得失之处。佩里（Perry，1939）最早提出来的邻里单位方法是一种自觉性的尝试，其目的是为了宣传优秀设计，把现代最优秀的社会思想整合在实体设计中，从而促进人们在城市住区中健康、安全和幸福地生活。邻里单位思想虽然是一种广为流行的设计方法，但一直以来也备受抨击，有人认为其过于简单化，滋长了某种现在看来与民族大目标背道而驰的社会行为。

邻里单位构想的依据极为简单：只要有精心细致的规划和设计，就可以把邻里塑造成良好的居住场所——而城市生活中那些“劣质的”属性则会得以遏制。这样，邻里规划与设计这项工作就决定着那些可以产生良好邻里开发的特征。如同我们会看到的那样，这种决定性作用把实用主义哲学与社会改良目标生硬地结合在一起，对物质决定论方法也深信不疑。

佩里把邻里设想为一种地域性单元——一个封闭的体系，可以作为结构单元的形式用于城市区域开发。他提出，一个这样的单元要包含四个基本要素：一座小学，几个小型公园和游乐场，几个小型商店，以及建筑物与街道的合理布局，这种布局要使得所有的公共设施都处于安全的步行区范围内。为了合理组织这四方面的关系，佩里对邻里的六个物理属性做了详细说明，内容如下[2]（图 1.1~ 图 1.3）：

"1. 规模。一个居住单位开发应当提供满足一所小学通常服务的人口所需要的住房，其实际面积由人口密度决定。

2. 边界。邻里单位应当以城市的主要交通干道为边界，这些道路应当足够宽，以满足过境交通而不是步行通行的需要。

3. 开放空间。应当提供小型公园和娱乐空间系统，它们被计划用来满足特定邻里的需要。

4. 机构用地。学校和其他机构的服务范围应当对应于邻里单位的界限，其场地应当适当地围绕着一个中心或公共场地进行成组布置。

5. 地方商店。应当在邻里单位的周边布置一个或多个与服务人口相适应的商业区，最好位于交叉路口处或临近于相邻邻里的类似区域。

6. 内部道路系统。邻里单位应当提供专用的道路系统，每条道路都要与其可能承载的交通量相适应，整个道路网要设计得便于邻里单位内的通行，同时又能阻止过境交通的使用。"（Perry，1939）[51]

虽然人们一般认为佩里是邻里思想的提倡者，但我们有充分理由相信，佩里只是把当时流行的许多知识界看法和社会心态转化为实体形式而已。实际上，他下意识中所做的事情，如果以我们今天的观点来看，倒是应该更为自觉、更为坦率地去做的事情。佩里吸纳了社会观念和被认可了的文化习俗，并将它们转化为规划标准的原型。只要探究这一转化的渊源，就能够更好地了解如何才能改进自己的工作，重新审视佩里的某些基本构想。

促成邻里单位思想形成的价值观念可以分为三大方面。第一方面，是**语境背景**方面的价值观念，体现了形成邻里思想的知识问题和思考过程。这方面价值观念的根源在于社会科学和人文科学。在19世纪末期和20世纪初期，这些社会科学和人文科学激发了改良主义思潮。第二大方面的价值观念是**显性**方面的价值观念，具体体现在邻里单位思想的各项原则中。职业规划人员、建筑师和环境设计人员等从业人员一贯坚持的，就是这样的价值观念。最后，第三个方面由具有**隐性**特点的价值观念组成。这些价值观念以社会和经济方面的实用主义考量因素为基础，而且隐含在开发商、贷款机构、市政当局、投资者、抵押贷款保险公司等各方面的认可条款中。

背景价值观念

邻里单位方法尽管以物理空间术语来表述，却代表了世纪交替时期改良主义思潮的一个重要分支。改良主义面对那个时代的早期城市生活惊慌失措（White and White，1962）。个人、场所和社区之间的传统联系变得越来越薄弱，美国的精英知识分子们为此感到忧心忡忡。他们对工业城市在逐步发展过程中的初期经验感到沮丧，对尚未完善起来的社会秩序和道德秩序深感不安。前工业化时代的家庭、邻里、社区以及各种形式的亲密人际关系逐渐瓦解，人们对此怨声载道。有人认为，恢复家庭、邻里和社区之间的紧密联系，是在冷漠的城市群环境中保护人的尊严、认同感和福祉的唯一途径。这些观点都是邻里单位思想发展的知识基础。

然而，支持这些观点的人们却并不情愿看着城市的道德秩序和社会秩序走向彻底沦丧的境地。许多人对发展大都市抱有务实乐观的态度，例如，心理学家和哲学家威廉·詹姆斯（William James）的观点就体现了这种乐观精神。事实上，正是詹姆斯的观点启发了很多人，其中包括：简·亚当斯（Jane Addams，社会工作者）、罗伯特·帕克（Robert Park，社会学家）以及约翰·杜威（John Dewey，哲学家兼教育家）等。他们都以各自不同的方式，尝试在都市化社会里坚持这些人文主义思想（White and White，1962）。所有这些人所做的努力，都成为邻里思想随后发展起来的重要基础。

改良运动的基本宗旨并不是无视或忽视城市，而是要在看似充满敌意、道德沦丧的环境中，慢慢注入一种和睦、共享以及社会交流的氛围。社区服务中心[3]和学校就被看作是这样的公共机构，可以促进社区未来发展，增进邻里友好感情（Dahir，1947；Gallion and Eisner，1975）。因此，身为社区服务中心创始人的简·亚当斯强调，社区服务中心就是一种在压抑而冷漠的城市居民之间建立交流和社区的手段。约翰·杜威则规定，城市教育要以前都市化时期以社区为基础的学校作为典范。罗伯特·帕克提倡了一种地方社区形式的“新乡土观念”，以此建立初级组织的认同感，保护个体免于城市生活的孤独之苦。

通过回顾过去可以明显看到，19世纪末和20世纪初的新兴城市给流行的生活方式带来的变化，既是前所未有的城市生活体验，也被认为是威胁性的冲击。改良运动试图在都市化背景下保护前都市化的价值观和社会体制，寻找各种方法保护个体不受时代特色的激变潮流影响。从本质上说，复兴邻里和地方社区就是应对现象的一种顺应机制，许多年后，阿尔文·托夫勒（Alvin Toffler，1970）把这种现象叫作“未来的冲击”。

这些社会价值观念与另一种改良派观点极为相似，即通过强调邻里在基层民主中的政治潜力，来推动地方邻里事业进程。根据古登伯格（Guttenberg，1978）的说法，这种观点的主要倡导者是一位叫作爱德华·沃德（Edward Ward）的长老会牧师，他主张利用邻里学校作为成年人的社交中心和市民活动中心。学校除了有市政和文化方面用途以外，还被看作是邻里民主的阵地，代表了一种邻里政府的形式；学校成为象征意义上的“邻里首府”，似乎代表了反对市政厅专制的立场。这样看来，学校后来成为一个物理中心，邻里在地理意义上（也是象征意义上）围绕学校形成，也就不足为奇了。

更值得注意的是，社会心理学家托马斯·霍顿·库勒（Thomas Horton Cooley）提出的理论观点，又进一步加强了这些思想的相互融合。他认为，家庭和邻里都是健康人格和社会发展的主要“温床”（Guttenberg，1978）。库勒强调，基层组织社团对于城市人们的社会生存和道德生存具有重要意义，这一观点后来对邻里单位原则的倡导者们产生了深远的影响，也被人们一再援引，为邻里单位原则进行辩护（Dahir，1947）。

显性价值观念

这些道德、社会和政治方面的价值观念都融合在邻里思想中，酝酿着邻里单位理念的实体表现形式。古登伯格（Guttenberg，1978）最近梳理了佩里设计思想的演变过程，从中可以清楚看到，公共学校在夜间广泛用于娱乐、社交和文化活动，这一做法对赋予小学居于邻里实体理念的核心地位起到了重要作用。而且，也正是学校帮助形成了其他的重要限定因素，如邻里的步行活动距离半径和人口规模等，这些限定因素都以一所学校所需要的最佳服务人口数量为依据。对边界限定、以向心形式的空间布局整合休闲空间等的需要，也源于同样基本的社会和政治观点。

佩里把邻里单位看作是“细胞式城市”中的一种居住细胞，他认为这是汽车时代的必然产物。因此，和帕克（Park，1952）一样，佩里也认为汽车是新兴生活方式的主要破坏力量。帕克和他的同事们主张设立基础组织社区，从而建立社会和道德秩序，佩里则设想以邻里单位为基础，在城市形态中引入实体布局和秩序。在物质决定论观念蓬勃发展的年代，利用建筑设计来实现社会目的，这种把理想转化为行动的手段确实合乎逻辑。

当时，一群改良主义的规划人员和设计人员已经在提倡一些补充性范式，这些补充性范式也进一步促进了邻里单位的形成。这些规划师和设计师受到帕特里克·格迪斯（Patrick Geddes）和埃比尼泽·霍华德（Ebenezer Howard）等人著作的启发，也受到巴里·帕克（Barry Parker）、雷蒙德·昂温（Raymond Unwin）和弗雷德里克·奥姆斯特德（Frederick Olmstead）等人作品的影响，他们寻求发展新的居住区规划和设计形式，其中包括“花园城市”（garden cities）和“超大街区”（superblocks）等理念（图 1.2、图 1.3）。事实上，正如芒福德（Mumford，1951）曾经指出的那样，甚至在佩里的邻里思想完全成型以前，克拉伦斯·斯坦（Clarence Stein）和亨利·莱特（Henry Wright）就已经在他们设计的纽约阳光花园（Sunnyside Gardens）中包含了许多邻里单位原则。不过，佩里的构想一旦稳固形成，邻里单位思想就正好与另两个设计思想一拍即合。这三个设计范式仿佛“三驾马车”一般，为后续的新社区开发提供了概念性基础，著名的雷德朋规划（Radburn Plan）就是其中一例。事实上，雷德朋可能正是第一个案例，以现今广为接受的形式应用和实施了邻里单位的做法（Stein，1957）。

在那些新开发的社区中倡导邻里单位，其中所隐含的设计价值观在很大程度上也同样植根于简·亚丁斯、杜威和帕克等人所提倡的人文主义思想。这些价值观念通过尝试创造与社区感相一致的实体空间，对同样的观点做出了回应。这样的实体空间是提供了休闲、娱乐和社会互动等机会的场所，也是安全、受到保护、令人愉悦且没有危险的环境。那时候人们认为，借助场所的实体设计，就有可能在个体层面重拾尊严感、自由感以及认同感，而这些在当时正处于大规模城市群的威胁之下。可以肯定的是，设计师们在正式表述中所强调的，是合宜性、便利性、空间布局、游憩空间以及人车交通分流等问题；但是上述这些社会和道德方面的目标却是评判这些设计原则的驱动力。

隐性价值观念

值得注意的是，邻里单位的实体设计往往由于规定住宅类型整齐划一而假定了一种社会同质性。许多支持邻里单位的人都清楚，邻里单位对于有子女家庭来说才是有意义的（Wehrly，1948）。人们从不期待无子女夫妇或单身人士会去寻求邻里生活。但是，社会同质性这一潜在假设却被逐渐扩大到家庭周期各阶段以外，意味着种族和收入也具有同质性。至少，伊萨克（Isaacs，1948a）和鲍尔（Bauer，1945）等批评家们就持有这种观点，他们指的是联邦住房管理局（the

Federal Housing Administration）承保手册推荐的限制性条款。推荐这些条款就是为了保护社会和收入的同质性，其假设基础是：互不相容的邻里群体会削弱或者破坏自有住房的吸引力（Federal Housing Administration，1947）。因此，人们把社会同质性看作是开发商和债权人利益的最佳保障[4]。邻里单位不仅在理念上确保了这种社会同质化，其设计方案也保证了特定社会群体在领域上的完整性和严密性。邻里单位思想事实上不仅获得了联邦住宅管理局（FHA）的支持，也获得了其他政府机构的支持。当然，邻里单位思想赢得职业房地产经营者、商会领导者以及其他商业团体等各方面的支持，也就毫不奇怪了（Dahir，1947）。

因此，邻里单位思想背后的价值观念一直都是多种多样。家庭、睦邻关系、社区以及群体认同感等各方面的价值观一直都至关重要，基层民主与社区管理的各种理想也发挥了作用。此外，人格和社会发展的目标也和公民责任感一样，都成为这些语境背景价值观念的一部分。安全、有保障、体面、美观与视觉上的识别性、周围环境的自然天成，以及整体的物理空间秩序等，这些都是显性价值观念的组成部分。

但是，邻里单位理念广为流行并在实践中普遍应用（我们将在下一节对此进行阐述），并不能仅仅归结于社会对这些人文价值观念的接受。这些价值观念的支持作用也借助邻里思想的应用推动了某些经济价值观念的发展（Churchill，1945），而这反过来又促成邻里思想作为一种流行理念而经久不衰。因此，保护住房所有者的财产价值，保障按揭贷款人的资金安全，以及保持社区的征税基础，这些都是实用主义的市场价值观，即住区的最终供应者的价值观。邻里思想在迎合人文价值观念的同时，也服务于这一市场。但是，尽管这些经济（市场）价值观念得到良好兼顾，社会公平性和公共资源（以及私有资源）的公平配置这一问题却从未得到广泛关注。

邻里思想在专业实践中的应用

有关邻里思想利弊的文献介绍虽然非常丰富，但是对其应用情况的深入调查却寥寥无几。有人会认为，既然存在着如此激烈的争论，那么邻里单位原则在应用上一定会慎之又慎。事实恰恰相反。邻里思想无处不在，无论在美国国内还是世界其他地方都是如此：根本就没有竞争对手，甚至连挑战者都没有。邻里单位理念如此强大（尽管有缺点），而设计行业很明显又那么迫切地需要一种模型（尽管他们也声称要有创造性），因此世界各地就都接受并适应了这一理念[5]。

在佩里提出邻里单位思想的二十年后，享有声望的美国公共卫生协会在其出版的规划标准《邻里规划》中采纳了这一思想。《邻里规划》现在已经广泛应用。在发布这一得到认可的专业标准文件时，美国公共卫生协会阐述了关于标准有效性的若干保留意见。这些标准大多以专家们的观点为基础，而不是以科学的研究为基础，因此，处处充斥着规范性的判断；而且，标准还在根本不可能精确测量的方面实行了量化，所以，其隐含知识的准确性也不足为信。

尽管有上述警示，这个文件还是立竿见影地产生了影响，其原因有三点：第一，文件本来就出自专家们之手；其次，文件假定把建成环境与健康和卫生问题联系起来；第三，或许也是更重要的一点，因为根本没有其他“权威的”标准可用。这份文件应用越来越广泛，而且在佩里的邻里单位思想得到正式认可的过程中，这份文件对一系列的专业指南都产生了影响。

在布局住宅开发项目中，建筑师、工程师、规划师和景观建筑师们都要以专业机构出版的有关标准方面的书籍作为参考。房屋开发商们则使用城市土地学会（the Urban LandInstitute）发布的各种指南，这些指南分别刊登在像《家与家居》（*House and Home*）和《全国住宅建筑商协会杂志》（*Journal of the National Association of Homebuilders*）这样的行业期刊上。贷款人使用他们自己的协会发行的指导参考，如美国储蓄贷款协会（U.S. Savings and Loan League）。贷款保险使用的规程和手册由美国住房和城市发展部（U. S. Department of Housing and Urban Development）、联邦住房管理局和退伍军人管理局（Veterans Administration）等发行。很明显，邻里思想对上述这些标准和指南参考都产生了影响。

索洛、哈姆以及唐纳利（Solow，Ham and Donnelly，1969）等人对二十三个这样的组织所发布的文件进行了研究。他们确认，有证据表明，每个组织机构都全部或至少部分地赞同邻里单位思想的各项原则。没有一个组织机构对这一思想表示反对（表 2.1）。这三位作者的表述如下：

> "像城市土地学会、美国土木工程师学会、美国建筑师协会、美国规划官员协会、国际城市管理协会等这些颇具影响力的协会组织，以及像联合国这样的世界性机构，都明确地提倡邻里思想，并与佩里的原则高度一致，只不过没有那么教条或死板而已。
>
> 另外还有一些重要组织，如全国住宅建筑商协会（the National Association of Home Builders）、美国规划师协会（AIP）、

表 2.1　各组织机构对邻里单位思想的支持程度[a]

组织机构名称	支持程度			
	明确支持	基本支持	无明确表态	明确反对
美国建筑师学会	√			
美国规划师协会		√		
美国土木工程师协会	√			
美国规划官员协会	√			
加拿大中央按揭住房公司	√			
住房和城市发展部		√		
联邦住房管理局		√		
住宅资产经营公司		√		
国际城市管理协会	√			
国际住房和城市规划大会		√		
国际住房和规划联合会			√	
全国住宅建筑商协会		√		
全国住房官员协会		√		
全国房地产委员会协会		√		
全国住区及周边城市联合会		√		
国家住房局、联邦公共住房管理局	√			
国家住房中心			√	
国家住房联合会			√	
城乡规划协会	√			
城市规划研究所			√	
联合国	√			
美国商会			√	
城市土地学会	√			
合计	8	10	5	0

[a] 数据来源：索洛、哈姆和唐纳利（ Solow，Ham and Donnelly，1969）[(A-1-26)]，表 1。经许可后使用。

> 全国住房和再开发官员协会（NAHRO）、国际住房与规划联合会（IFHP）等，还有各联邦机构（Federal Agencies）、房产管理局（HHFA，现在的住房和城市发展部，HUD）以及联邦住房管理局（FHA）等，其中大多数组织尽管没有直接参照佩里的观点，但总的来说却都提倡某种形式的邻里单位，以及佩里理念中的某些组成原则。其中许多组织机构都重点关注受欢迎的物理属性和邻里设计标准，而不是提倡佩里的单元式理念。”（Solow，Ham and Donnelly，1969）[A-1-25]

从业者们也证实了邻里标准的高利用率，就像邻里标准在专业出版物上普遍存在的那样。索洛等人对258位美国规划师协会（现为美国规划协会）成员做过一次调查，他们发现，这个群体中有一半人认为，邻里单位思想对于公共政策的制定是有用且有效的，而且非常理想。接近80%的人在实践中应用了这一理念。事实上，超过55%的人在实践中具体应用了《邻里规划》（PTN）文件。不过，也有一些成员持保留意见。例如，15%的人认为该理念没用或者无效。33%的人认为该理念并没有那么理想化；接近20%的人则不赞同《邻里规划》中体现的各种标准概念（Solow，Ham and Donnelly，1969）。

索洛等人还研究了邻里思想应用的其他方面，再次找到了该思想无所不在的证据。邻里思想虽然并不是小区规划法则中的**法定**要求，但有证据表明，地方政府的指导手册却对此持支持态度，这些指导手册就是为协助设计师和建造商规划住宅小区而发布的。而且，这一思想还频繁地体现在城市总体规划中，也在城市更新计划和指导方针中得到认可。最后，区划条例虽然没有全盘接受邻里单位理念，但是在应用新出现的规划单元开发代替传统的分区要求中，却常常允许采用邻里单位思想。

在美国，邻里单位思想已经以多种形式广泛应用，有雷德朋和哥伦比亚这样的新城镇开发项目，也有莱维顿（Levittown）这样的大规模住宅区建设项目，还有一些以更为零散的形式遍布全国各地。英国、以色列、瑞典和苏联等国家也在新城开发项目上应用了这一理念（Keller，1968；Porteous，1977）。

自索洛、哈姆与唐纳利的研究之后，邻里单位又改头换面，以另一种形式重新出现，再次证明了其内在的强大生命力。1972年，美国建筑师协会（AIA）的国家政策专责小组（National Policy Task Force）提倡，要在全国城市的建造项目和重建项目中采用“生长单元”理念。邻里单位主要是从需求侧（即从住区使用者的角度）提出来的，而生长单元则是从供给侧（即从建筑师和开发商的角度）提出来的。生长单元和邻里单位之间尽管存在这些差异性，但二者之间也有明显的相似之处：

> “生长单元没有固定的规模。从住宅方面来说，其规模通常包括500到3000个单位不等——这样的规模至少需要一所小学、托儿所、社区中心、便利商店、开放空间和娱乐活动场所等。这个规模也足够聚集起一个住房市场，这将鼓励新技术和新型建造体系的应用。这个规模也足以刺激各方面的创新，包括建筑维护、医疗保健、有线电视、数据信息处理、安保系统以及废物收集新方法等。最后，这样的规模还足以实现各方面的经济性，包括统一规划、土地交易和储备，以及公共场所、设施和交通运输系统的协调设计等。”（AIA National Policy Task Force，1972）[4]

生长单元也像邻里思想一样，可以设计为一个单元或一套体系，而不是居住环境中各种活动和业务的杂乱组合。

总之，邻里思想和《邻里规划》文件已为从业者广泛应用，而且在各种各样的专业出版物中也屡见不鲜。二者对构建专业思想、确定小区规划法则与区划条例内容都具有极大影响力。尽管在行业内存在保留意见，在学术界又遭到拒绝，然而其影响和应用却无处不在，显示出邻里单位作为一种理念的强大力量。

弊端

最初社会学家的批判矛头针对的，是从业者过于重视邻里单位的实体方面：可达性、布局、边界、土地用途分离、整体外观等（Dewey，1961；Tannenbaum，1948）。隐含在这种批评里的观点是：社交邻里和睦邻关系未必来自邻里的实体空间布局；社会同质性可能更为重要（Mann，1958；Keller，1968；Lefebvre，1973；Pahl，1970）。评论家们虽然也困惑于邻里单位理念的物质决定论信条，却并没有彻底拒绝这一思想。更有甚者，许多批评家一边警告规划人员不要不加批判地应用，一边还认为必须要为邻里单位理念提供社会层面的辩护（Tannenbaum，1948；Dewey，1961）。

有趣的是，对邻里思想最严苛的批评却来自规划人员自己。例如，雷金纳德·艾萨克斯（Reginald Isaacs，1948b；1949）曾质疑邻里单位在都市环境中是否有效，他指责邻里单位显然受到了怀念农村生活方式的乡愁影响。他还和其他规划师（Bauer，1945）一起进一步宣称，这个理念即使奏效，充其量也只是一种社会和经济方面的隔离手段而已。

近几年来，邻里单位思想在哲学层面上也被认为过时落伍，理由是：在后工业社会的新兴生活方式下，“非场所化”的城市领域要比基层组织社团和“场所化”社区更为重要（Webber，1963，1964；Webber and Webber，1967）。还有人基于更实用的立场认为，当初邻里单位构想的实体规模，并不适用于目前住宅开发和再开发的增速态势。

邻里单位及其相关的规划标准都遭到“文化相对论”观点的深刻批判。无论是知识精英还是少数的领导阶层都曾经断言，“美国大熔炉”思想在本质上就是一个神话（Glaser and Moynihan，1963），不同的民族价值观、生活方式和偏好等都必须受到承认和保护（Berger，1966）。邻里单位思想及其相关标准由于都出自白种人、中产阶级的职业规划人员之手，因而代表的也是白种人、中产阶级的价值观，所以也受到人们质疑。在邻里居住以外是否还有其他收入或少数族裔群体偏爱的其他居住形式，这一点尚有待讨论，但有一种结果是可能的，即：居住环境面对的是不同的社会群体，所遵循的模式也应该以各自不同的利益、希冀、愿景和欲求为基础。

但是，就像邻里单位思想自身的早期境遇一样，这些对邻里单位的早期批评也大部分出于臆想和推测。没有任何实证检验来判断这种思想是否实现了其承载的目的。因为这一思想为从业者所广泛接受，所以，能找到大量的研究探讨其在应用上的成功之处并不奇怪。虽然不计其数的住宅开发项目都在设计方案中体现了邻里单位思想的基本原理，但是最纯粹的案例通常还是存在于新城镇开发项目中，无论在美国国内还是国外都是如此。

邻里单位在美国的发展情况比较复杂。兰辛 (Lansing)、马兰斯（Marans）和泽纳（Zehner）等人对有规划或几乎未经规划的居住社区进行了对比研究（Lansing，Marans and Zehner，1970），其中包括雷德朋、哥伦比亚和雷斯顿（Reston）。这是美国三个著名的新城，在组织和规划住区时都采用了邻里单位思想。根据这项研究，许多受访者认为，在决定是否搬迁时，新城的规划特色（即“总体社区规划或思想”，推测起来应该也包含了邻里单位思想）是一个具有吸引力的因素，有这样想法的受访者在三个新城所占比例分别为：在哥伦比亚的受访者中占51%、在雷斯顿的受访者中占36%、在雷德朋的受访者中占18%。这三个社区全都获得了大多数受访者从优良到极好的总体评级，那些有年幼子女的家庭和有老人的家庭给出的评价尤其如此。不过，青少年受访者却给这三个社区都打了差评，反映出英国社会学家所说的那种“新城忧郁症”（“new town blues”）。事实上，按照青少年受访者的评价，那些没什么规划的社区得到的评级，反倒比有规划的社区更好。有规划的社区为儿童设置了实体娱乐设施，这样做虽然使这些社区对有孩子的家庭来说更具吸引力，但是人们却很少把这些“规划的”特征作为满意度来源而提到，甚至还比不上提及工作易达性和学校与邻里品质的频繁程度。在这些社区里，邻里单位作为一种有规划的开发元素，对社区满意度所起的作用微乎其微。

无独有偶，最近有一项针对美国十个新城的研究（Burby and Weiss，1976）发现，邻里单位理念虽然对这些社区的住区设计产生了影响，但是这些规划特征对居民满意度也作用甚微。

人们为什么要在有规划的社区里购买住宅呢？沃斯曼、曼德尔与丁斯特夫里等人为此做了一项研究（Werthman，Mandell and Dienstfrey，1965），旨在找出上述问题的答案。研究发现，邻里单位思想的某些特征实际上并不受居民们欢迎。例如，规划人员强调购物和社区设施应该是邻里的焦点，但是这种观点却与居民的感受大相径庭，居民们认为，这样的土地用途反而造成了不良的后果。大多数居民事实上更愿意在自己住区周边拥有像学校这样的设施。研究还发现，对于居民间互动这一社会目标是否如邻里思想中理想化的那样，受访者也表示十分怀疑。此外，只有对于中上阶层而言，“规划的”特征才在购买决策中具有重要意义。不过，几位作者都指出，并不是低收入群体不欣赏有规划的住宅开发所带来的美感（事实上，他们也抱怨自己住的房子像方盒子一样千篇一律），而是他们通常会把这种美的环境同更高昂的住房成本联系在一起，而那往往超出了他们能力所及的范围。

甘斯（Gans）于1967年开展了一项关于莱维顿“生活方式与政策”的研究。在这项研究中，邻里单位思想甚至连最低限度的支持都没有得到。甘斯得出结论：传统的邻里模式影响了住区设计，却没有对人们的生活或社会关系产生作用。他把这种失败归因于几个方面：邻里规模（过大，不利于社交互动，威尔莫特早在1962年就在英国的斯蒂夫尼奇案例中指出过这一点）；缺乏特色（彼此过于相似，无法产生认同感）；还缺乏通常有助于凝聚邻里精神的社会功能和政治功能。在莱维顿，甚至连位于邻里中心的小学也没有起到中心的作用。

至于英国的各个新城，有数据表明，邻里思想可能有助于规划人员形成一种居住子单元的层级结构概念，并有助于确定各种社区设施的规模和位置选址，但是数据也表明，邻里思想与居民的既有社会结构几乎毫无一致性（Willis，1969）。威尔莫特（Willmott，1962）根据其对斯蒂夫尼奇（Stevenage）居民的调查得出结论，认为邻里虽然看似在功能方面起作用，但是几乎没有证据显示邻里创造出了“社区”感或“睦邻”感，换句话说，邻里根本没有任何特殊的社会意义。他认为，邻里的物理边界与社交模式几乎毫无关系；密集性的社交活动通常发生在更小的区域内。

一项针对斯蒂夫尼奇居民出行模式的独立调查也基本呼应了这一结论。调查表明，邻里结构虽然准确地反映了上学和日常购物路线，但并没有反映出社交和娱乐互动的模式（Bunker，1967；Salley，1972）。

与此类似，加维（Garvey，1969）也从居民行为模式中得出结论，认为邻里思想并没有起到理想的社交互动场所作用。高斯（Goss，1961）对英国新城的十个邻里进行了比较研究，这些新城的设计都遵循了邻里单位原则（只是略做修改）。他注意到，在最佳规模和住房与服务区域搭配方面，并没有给出完全令人满意的解释。

上述这些现象并不意味着英国新城的居民无法识别空间上的邻里。威尔莫特（Willmott，1967）后来又对伊普斯维奇（Ipswich）做了一项研究，研究显示，那里大多数的居民都能够识别出自己所在“邻里”的一些边界。这样被识别出来的邻里，虽然在规模和边界上都差别很大，但在主要边界上还是有一定的一致性。事实上，甚至在曾经有意识地摒弃了邻里思想的坎伯诺尔德（Cumbernauld），也有证据表明居民们能够对不同的住宅分区产生认同感（Godschalk，1967）。就像威尔莫特（Willmott，1967）认为的那样，问题的关键在于，大多数人虽然都能或多或少地识别出某种邻里，但他们的认知地图与常规的邻里单位模型却几乎没有多少相同之处。

最近，人们又对邻里单位思想在功能上的合理性和高效性提出质疑。斯莱德尔根据他对哥伦比亚的观察研究（Slidell，1972）认为，邻里思想在经济上是低效的。目前规定的邻里单位规模和密度并不总能带来群聚效应，因而不足以支持某些地方性的服务和设施。此外，在城镇中心层级重复设置服务设施，通常也会削弱这些地方性服务和设施的经济可行性，洛（Low，1975）在坎伯诺尔德（Cumbemauld）的案例中就阐述过这一点。

也有人批评邻里单位是一种僵化死板的规划模式。例如，赫伯特（Herbert，1963）[190]认为，邻里单位“代表了种种承诺——承诺有固定的学校政策、有固定的购物系统，还有一成不变的使用模式”。邻里学校无法满足更大的社区目标，在某些社区中，这种失败随着联邦法院要求必须在全社区使用校车而变得越来越明显，即使邻里学校已经成为反跨区学童组织的象征性聚集点也是如此。至少有一个学区——北卡罗来纳州的威克县教育局（Wake County School Board）已经表明，在未来的场地选址中，将有意识地抵制邻里识别性（Slidell，1972）。在波士顿，人们根据人口分布变化情况、邻里构成和校车接送需求等因素，对学校设施进行了严肃认真的评估。因此，一种规划思想居然受制于邻里学校学说，这显然与变化中的社会形势有些脱节。

对规划邻里展开的实证研究提出了一些比较严重的问题，关乎到实体区域与社交网络的一致性，以及从实体设计中可能获得的满意程度。早些时候社会学家们也曾经提出过这些问题。他们好奇于规划人员最初引发的这场讨论，跟踪研究了帕克的早期作品（Park，1952），对邻里的基本理念进行了探究，以确定其在实际应用中是否有效。这些社会学家们没有（像早期规划人员那样）假设邻里就是存在的，也没有假设研究应该以确定邻里的最佳物理形态为目标，他们更感兴趣的，反而是更基本的问题：邻里的确存在吗？如果存在，那么我们如何识别它们？进一步地说：即使邻里确实存在，而且我们也能够识别出来，但是，对于城市居民的整体满意度和幸福感来说，邻里真的必不可少吗?

显然,在决定邻里单位思想是否需要修改,以及如果需要修改,又该如何进行修改等问题之前,首先要对上述种种问题予以解答。然而，到目前为止，社会科学家们对这一论题及其复杂性的理解程度虽然已经有所提高，但是他们的研究结果却并没有使这些问题得到解决。尽管人们对**邻里**这个词已经如此司空见惯，以至于似乎都不会引起什么误解，然而对这个词的定义如今仍然存在着许多大相径庭的解释和观点。邻里一词与**邻居**这个词存在着词源学上的联系，所以，总是带有人与人之间关系的社会视角。但是，在城市语境中，人们现在越来越强调地理方位上的邻近性和领域性。现代研究人员一直试图使**邻里**一词更准确也更易于描述和度量，因此他们一直面临的问题，就是如何以各种各样的方式，把人和领域这两个基本问题结合起来。例如，社会学家们已经调查了做朋友和做邻居之间的种种差别，也审视了城市社区范围内成为邻居的互动模式。另一方面，环境设计人员则把观察目标限定在人们如何利用地理区域内的空间和设施上(Keller, 1968)。因此，对邻里进行定义可以有数种方式：根据毗邻而居的人的特征而定；根据人们用来区分区域的边界（社会的、物理的、象征的或人口方面的）而定；根据一个区域范围内的活动而定；根据一个区域服务的功能而定；或者根据上述这些因素的某种组合而定。所有这些方法都对邻里思想有所阐述，同时又使最终形成一个单一定义的努力落空。没有一个单一的定义也使得邻里单位思想的适宜性难以得到验证。

结论

从上面的综述中我们究竟了解到了什么呢？怀疑论者可能会得出这样的结论：主要传递的信息就是“过犹不及”，也就是说，我们对这个问题研究得越多，从业者们就越不知道应该做什么；我们越迷惑于邻里理念的细微之处和各个不同的方面，就越无法提供清晰鲜明的设计指导方针或原则来帮助规划人员。

这个结论虽然也不乏正确之处，但是却错在期待着从调研中出现错误类型的答案。与其期待着社会科学研究去寻求设计方案来解决那些还没有明确答案的问题，我们更应该去寻找出与研究所揭示的问题不背道而驰的设计方案或模型，这样，试验性方案——即使不是最佳方案，只要提出来就好——至少不会造成严重的错误。从本质上说，这是一种使不匹配最小化的策略，而不是去寻找最佳匹配（Alexander，1964）。

综述表明，邻里设计理念虽然具有创新性，也充分体现了世纪之交流行于美国的某些观念，但是，其作为当今设计理念的效力已经日益失去。邻里设计理念可能在理论上仍然可行，也能应用于那些开发规模以及消费群体的愿望和生活方式都适合的情况，但是，就像索洛等人（Solow et al.，1969）曾指出的那样，把这个理念当成唯一模式，或者当作放之四海而皆准的真理，则既没必要，也不可取。相反，邻里单位思想只应该被看作是许多其他可能类型的居住环境单元之一而已。可是，正如我们后面将要论证的那样，根据我们在接下来三个章节所阐述的研究结果，甚至支持邻里单位模型作为解决公平性问题的一个备选方案，都是一件很困难的事。

因此，环境研究人员和设计师们都同样负有不可推卸的责任，去提供新的设计范式，来响应对旧有范式的反对；并通过提供新的可选方案，来激发未来的创造性。提供这些替代选择的方法之一，恰恰就是要摆脱邻里思想本身。还记得在我们前面的文献综述中，很多社会学家都一直坚持认为，邻里更是一种社会学现象，而不是一种空间现象。现在可以进一步认为，如果我们把实体模型从“邻里”思想（这基本上是社会学的）中抽离出来，那么就回避了关于原始概念要么接受、要么拒绝的那个难题，也回避了一切似乎会阻碍未来新方法的知识上的条条框框。这样，我们反而可以对此展开新的研究了。

我们采纳了一个新的研究焦点，由此开始寻求一个全新的范式，这个新的研究焦点就是**居住环境**。根据索洛等人（Solow et al., 1969）[A-1-47]的观点，可以对居住环境这样定义为：

> “土地、设施、服务和社会结构都包括在居住环境的设计中。这些方面提供了个人与家庭需求、社会互动、个人发展和政治参与等方面的满意度，使家庭生活更加完善，而且还恰当地限定了界限。”

这是一个综合性定义，不囿于任何成规，充分体现了多元化社会在选址、环境和消费模式方面的多样性。这一重新定位抛开了**邻里**一词的意义（以及日益“超载的”隐含意义），从概念上带来一个新起点，也提供了更加相关的研究参考框架。在接下来的三章里，我们将对语境背景以及筛选出来的使用者感受和偏好研究的调查结果展开讨论，这些都与大洛杉矶地区的居住环境有关。反过来，这些研究结果又有助于为重新制定住宅规划和设计的实体模型奠定新的基础，这一点我们将在最后一章进行阐述。

注释

1 依照古希腊城市米利都的平面布局所代表的传统。

2 应当指出的是，在这个最初构想中，邻里单位的中心并没有包括购物区。后来，随着邻里单位思想开始被视为等同于服务区域概念，邻里购物在邻里中心出现，尤其在某些新城镇开发理念中更是如此。克拉伦斯·斯坦提出的邻里单位模型就显示出这一特征（de Chiara and Koppelman，1975）[265]。

3 社区服务中心是当代模式的老年人中心、社会服务中心、传教中心、养老院等设施的前身，在城市中拥挤的贫困区域里起到类似的福利作用，但服务对象和服务范围却更为广泛。通常情况下，社区服务中心为整个社区提供了多方面的教育和娱乐服务。

4 达希尔引述了联邦住房管理局的公告，公告题目为“成功的住宅小区”（Federal Housing Administration，1941）：“……规划邻里对开发者来说更为有利可图，对投资者来说更有安全保障，对住房拥有者来说更值得拥有，而且还创造了持久而稳定的社区”（Dahir，1947）[49]。

5 接下来对这一理念广泛应用所做的诠释是基于索洛等人（Solow et al.，1969）的一项研究，是我们这个研究的发起人在更早些时候委托进行的。

6 依据麻省理工学院盖里·哈克的报道。

3　研究手段及受访者对居住环境的印象

我们的研究工作从邻里单位、其预期目的以及后来遭到的种种批评开始。不过，开篇曾提到过，我们并不是基于自己对邻里单位优缺点的评判来研究邻里单位本身，相反，我们能够审视的，是邻里单位在建成环境中显现出来的演变发展。因此，在向受访者提出问题时，我们换用“住区”这个词作为大多数问题的主语，希望避免因使用**邻里**一词而产生任何令人误解的内涵或偏差。此外，我们没有告诉受访者住区这个词包含了哪些内容，而是让他们自己来告诉我们，这个词对于他们来说究竟意味着什么，这样，就不会形成先入为主的预判或预定结果。我们希望以这种方式挖掘到居住体验的精髓。

接下来的各章分别汇报了研究的各个不同阶段以及不同方面的内容，图 3.1 对此进行了总结。包含的内容有：聚焦研究的初始手段，导出的居住构想，基于这种构想的调查手段，采访过的洛杉矶地区二十二个住区的各种人口群组，资料信息分析（和“邻里”与受访者感知到的“住区”的对比），以及基于资料分析和文献综述形成的一个替代性范式。

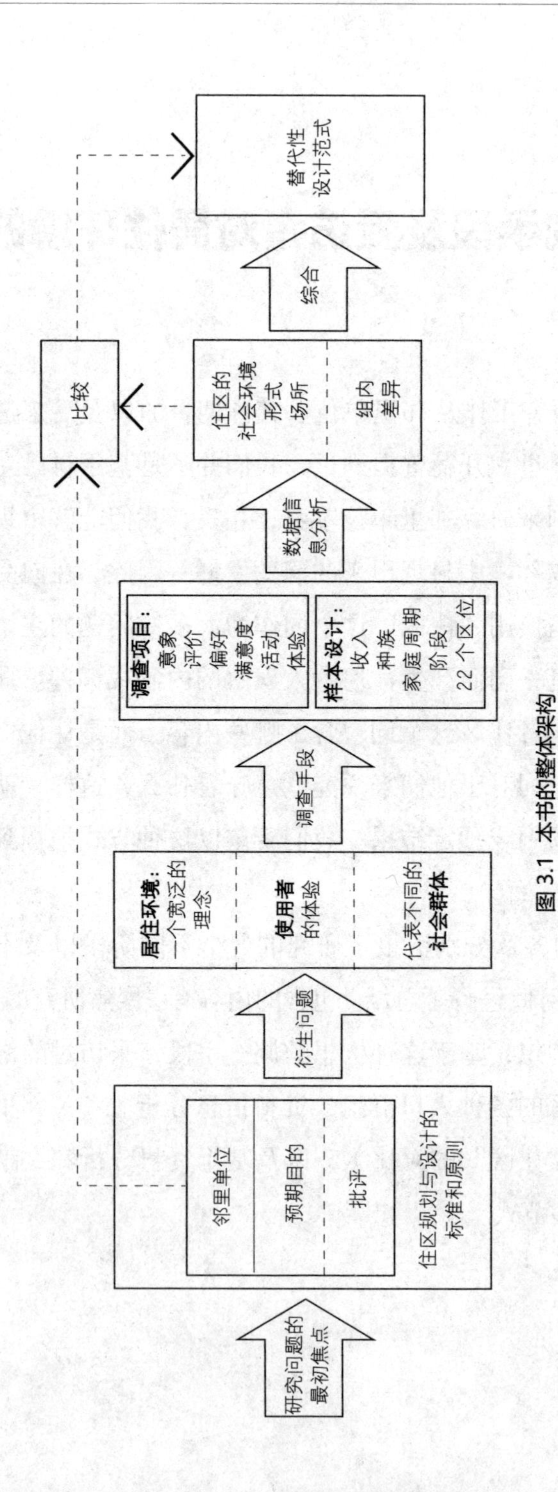
研究问题的最初焦点
邻里单位
预期目的
批评
住区规划与设计的标准和原则
衍生问题
居住环境：一个宽泛的理念
使用者的体验
代表不同的社会群体
调查手段
调查项目：
意象
评价
偏好
满意度
活动
体验
样本设计：
收入
种族
家庭周期阶段
22 个区位
数据信息分析
住区的社会环境
形式
场所
组内差异
比较
综合
替代性设计范式

图 3.1 本书的整体架构

研究范围

由于研究方向涉及多个方面，又处于历来疏于研究的领域，因此，我们采用了由多个部分和多种方法组成的研究手段。其中有些方法是可靠而有效的，以往的研究人员曾经广泛应用过，只不过与我们使用这些方法的目的不尽相同。另一些方法则是我们的原创，力求为以前尚未探索过的诸领域提供资料信息。我们利用这一切手段所要寻求的，不仅是从各种方法中得到资料信息，还要对各种方法本身的有效性和适宜性进行评估。我们对洛杉矶地区人口群体的调查结果可能不会严格适用于美国的其他地方，因此，我们希望提供可以用于任何地方的方法指导。

总的来说，研究手段由六个基本部分组成（附录 A 的采访计划表）：语言描述和评价住区；画图描绘住区并图示回答与受访者各自绘制地图有关的问题；语义差异法；对环境场所进行列表并予以评价；交换游戏，用于筛选更受欢迎的环境属性组合，表示各属性受偏爱的程度；描述和评价与居住有关的活动。

为了把本书阐述的调查结果从收集到的全部调查结果中更好地区分开来，我们把上述六个部分分为两组（图 3.2）。前面提到过，设计范式只有在某种程度上综合成为整体，才能为设计人员所用，不能与其他部分形成良好联系的零星碎片则毫无用处。因此，第一组的三个方法（图中左侧）就构成本章阐述的内容，理由是：（1）这些方法所产生的调查结果可以为设计人员直接利用，因为具有整体性；（2）在想要开展研究，为所在社区制定居住标准的那些场地上，这些方法都可以因地制宜地进行合理应用。这些方法都试图厘清这样几个问题，即：住区对于居住者来说究竟意味着什么？住区到底由哪些内容组成？人们又是怎样评价住区的呢？

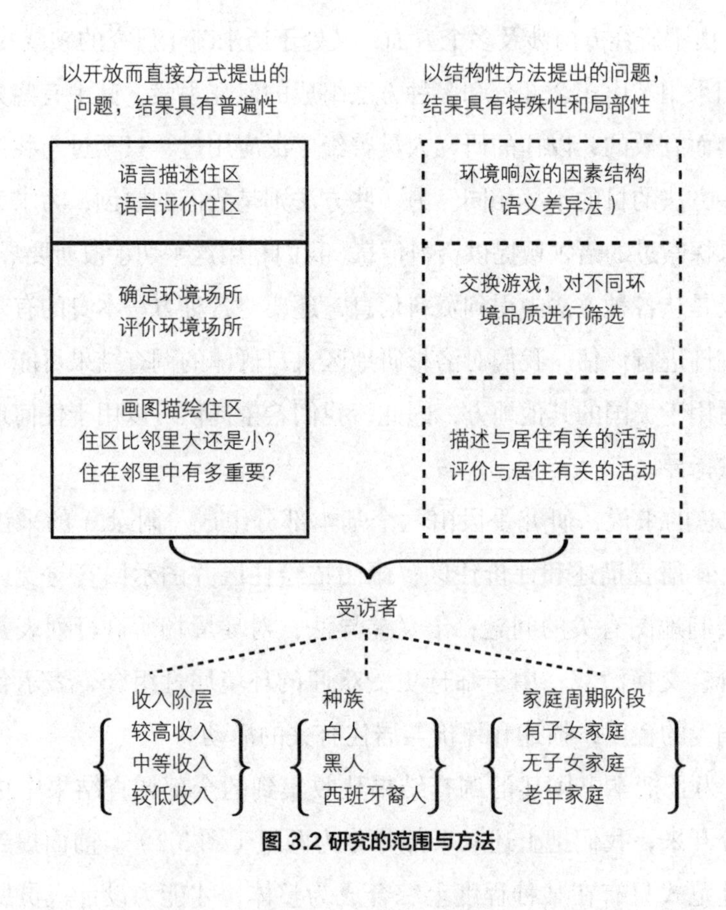

图 3.2 研究的范围与方法

第二组方法（图中右侧所示）产生的调查结果较不确定，也不够完整。这些方法要解决的问题是：人们如何感知住区、使用住区，以及如何才能改善住区。这些问题是研究初期就提出来的，因为当时认为，这些问题能更精准地确定那些能够用于住区设计的具体标准。我们认为，从这些方法中得到的调查结果，在其当前阶段并不适合形成设计方案。得到的结果表明，研究方法的问题仍有待解决。不过，这些调查结果却引起了社会科学家们的兴趣，已经有人以阶段性成果的形式分别做了报道（Banerjee and Flachsbart，1975；Banerjee，Baer and Robinson，1974；Flachsbart and Phillips，1981；Robinson，Baer，Banerjee and Flachsbart，1975）。

我们还记得，在对邻里单位准则的批评中，一个主要问题是没有考虑到不同消费群体具有不同的价值观和偏好。这种观点源于文化多元化的前提，这一前提要求，社会各阶层的价值观、习俗、需求以及偏好等，都应该在公共政策中得到尊重和接纳（Berger，1966）。在这种背景下，有人建议，居住场所应该反映消费群体的异质性，而不是民众整体的“典型性”或“平均性”特征。

研究路线

因此，我们的研究目标就是对这些批评做出回应。为了探讨是否应该采用多元化的准则和价值观，抽样方案对受访者按照三个维度进行分层，这三个维度就是我们研究中的主要自变量：

1.种族。选择的分类分别为白人、黑人和西班牙裔人（西班牙姓）[1]。

2. 收入。家庭收入分为三类，分别为较高收入、中等收入和较低收入，这些都是业内通常采用的表述方法。精确分类（以1970年美元计）见附录 B 中的表 1。

3. 家庭周期阶段。采用了三个类别，分别为（1）有子女家庭；（2）无子女家庭（与他们住在一起），且户主年龄在62岁以下，即“无子女”户；（3）无子女家庭（与他们住在一起），且户主年龄超过62岁，即“老年”户[2]。

图 3.3 对抽样方案做了说明[3]。由于黑人和西班牙裔人在较高收

入群组中所占比例太小，以至于很难列入有效的采样集群中，所以，调查中没有包含高收入黑人群组和西班牙裔人群组。低收入的黑人和西班牙裔人倒是很容易在采样集群中定位，但是他们又不太愿意接受采访。在低收入的西班牙裔住区，我们把采访计划翻译成西班牙文，分派了说西班牙语的采访人员进行采访。为了获得低收入西班牙裔群组的采访，我们还专门聘用了熟悉区域情况的特殊采访人员[4]。为了获得所有采访结果，我们有时也不得不偏离另外五个群组采用的精确抽样方案。因此，这两组的数据信息须谨慎对待。

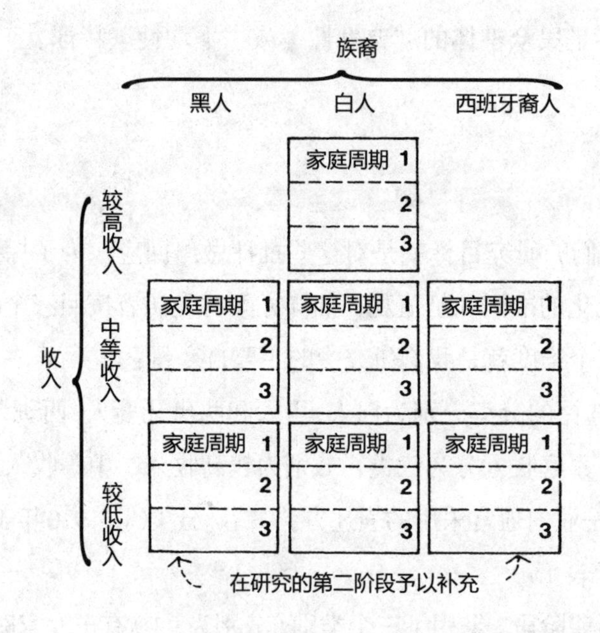

图 3.3 抽样方案

图 3.3 表示了 7 个人口群组。我们在洛杉矶都市区域分别为每个群组选择了 2~4 个不同的、地理区位相距较远的住区，从中抽取受访

对象[5]。我们一共获得475份完整采访表，分别来自二十二个选址区位，如图3.4所示。任何一个采访区位的特有物理特征都可能对采访结果产生影响，上述方法使我们能够降低这种影响。这样做，也使我们能够独立收集到各个区位受访者愿意描述和评价的某些“目标”信息。

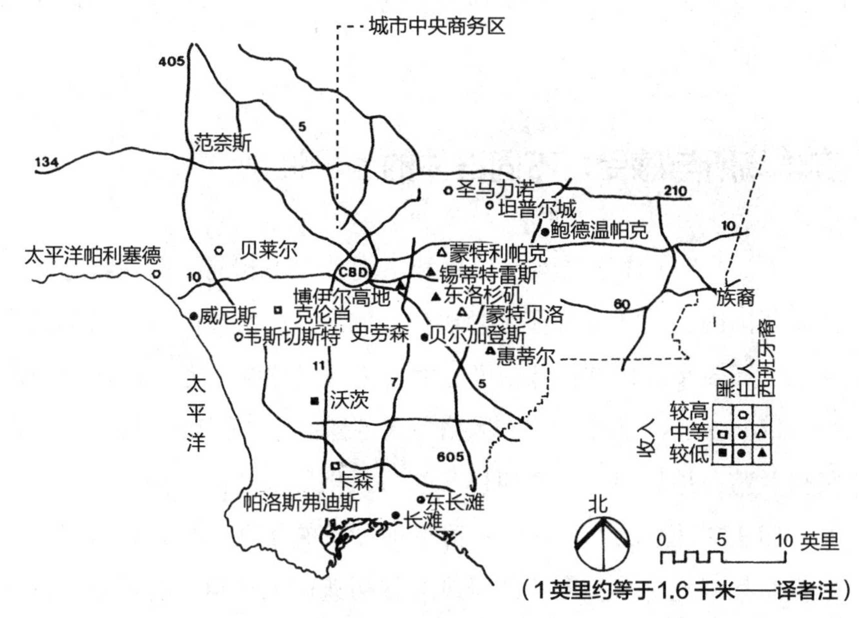

图3.4 洛杉矶地区的采访场地分布位置（根据社会特征确定）

这些区位内的受访家庭都是随机抽取的[6]：先给这些家庭寄去一封信，向他们解释项目情况；然后，由受过培训的人员对他们进行采访，从而快速地与这些潜在采访对象建立起密切关系，同时确定他们是否“符合条件”（例如，是否符合我们在该区域的三个标准：种族、收入以及所处生活周期阶段）。如果各家庭成员都符合条件要求且愿意接受采访，那么，就向将要接受采访的家庭成员（同样是从16岁或以上年龄的家庭成员中随机抽取）预约一次时长超过2.5小时的采访，并向其支付10美元作为酬劳[7]。

因此，抽样方案是一种分层的、地理集群的方法。抽样分层是为了确保那些我们希望作为主要自变量的具体特征；地理集群是为了确保在初期筛选阶段接触目标人群具有高概率性。这个抽样计划虽然违背了某些“教科书式”路线，但是对于紧缩的预算限制，以及公众越来越不愿意参与实地调查的艰难现实来说，这样的做法却是可行的[8]。

实体场所与感受：不同群体的差异性

这二十二个住区虽然在位置和景观上大不相同，但在特定收入群组范围内，其基本特征颇为相似。例如，所有高收入群组都拥有共同的环境布局特点：低密度、大场地，以独院住宅（single-family detached houses）为主，住宅风格各式各样：有“农庄式风格”、“新英格兰殖民地风格”、“西班牙复兴风格”或“南方种植园风格”等（图 3.5、图 3.6）。这些住区场地配备的私立和公立公园以及开放空间都很充足，有丰富的景观和绿树遮阴的街道，有严格管理和精心规划的商业中心，还有维护良好和服务齐全的公共环境。

中等收入群组的环境都开发于 20 世纪 40 年代末或者 20 世纪 50 年代，住宅规模中等，建造场地介于小到中等规模之间，地块以方格网布局为主。常见的建筑形式为成片开发的一层灰泥住宅和中等规模住宅，带有农庄式风格（图 3.7 ~ 图 3.10）。所有这些区域都沿周边或主要干道设置了一些公寓建筑（图 3.10），区域周围还都围绕着带状商业设施和其他高密度的城市服务设施，偶尔也有个别商业和服务设施夹杂在住区内部。

图 3.5 太平洋帕利塞德（较高收入白人）的代表性住宅

图 3.6 圣马力诺（较高收入白人）的代表性住宅

图 3.7 范奈斯（中等收入白人）的住宅

图 3.8 卡森（中等收入黑人）的住区街道

图 3.9 韦斯切斯特（中等收入白人）的住宅

图 3.10 蒙特贝洛（中等收入西班牙裔人）的公寓综合楼

低收入群组的环境特点是街区较小，街道狭窄。住房形式混杂，既有独栋双联拼、三联拼住宅，也有一些公寓，而且这些住宅通常都处于不同程度的失修状态（图 3.11~ 图 3.14）。这些地方常常处于过渡区域，四周围绕着商业带，有些情况下周围还有工业区。主干道或高速公路把一些区域划分为几个不同部分。在这些环境里，未开发或空闲土地、闲置场地以及废弃或用木条封上的建筑随处可见。这些区域大多都具有这样的特征：链环式围栏、墙壁上有涂鸦、汽车停在草坪上、高压线、快餐连锁店、加油站以及汽车修理店等。总的来说，公共环境都维护不善、资源匮乏。

受访者口头回答了关于住区的种种问题，所给出的描述和评价丰富多样，既反映了场地环境在质量上和位置上的多样性，也反映了不同社会群体各自不同的关注点。不过，在整个反馈过程中，也有一些共性问题。在谈到住区时，几乎每个人都承认社会环境的存在。犯罪问题和个人生命与财产安全看起来是住宅外部环境的两个重要方面。大多数人都会想到烟尘——这种特殊的敏感性毫无疑问来自洛杉矶地区的生活经历。一部分受访者提到了实体的舒适性设施和便利性设施。还有一些人关心住区的外观及其整体“氛围”（Milgram，1970）。住区公共服务的质量（学校、消防、治安等）则是人们频繁提到的另一个方面。

图 3.11 博伊尔高地（低收入西班牙裔人）的一栋双拼住宅

图 3.12 威尼斯（低收入白人）的一栋二层住宅

图 3.13 锡蒂特雷斯（低收入西班牙裔人）的住宅

图 3.14 有防护的住宅空间——贝尔加登斯（低收入白人）的实例

在最初设置有关住区描述和评价问题时，我们谨慎地回避了**邻里**这个词。我们曾经希望，通过要求人们谈论各自的**住区**——这是一个更为笼统的词——就能够引导出许多不同的住区构想，从而帮助我们思考设计方案。出乎预料的是，那些开放式问题的反馈并没有产生任何有关住区替代性概念的具体理念。受访者偶尔也把自己的住区叫作邻里，但更为普遍的是，他们在尝试定义自己的住区时，要么采用社会化的分类方法，如“中上阶层”或“劳动阶层”等，要么采用实体化的描述方法，如“独院住宅”或“一个完整的住区”等。但是这些都仍然是过于宽泛和笼统的说法，无法用于指导设计方案。相反，确实能使人们心目中的住区更为清晰一些的，倒是那些共同主题——社会环境、犯罪与安全、空气质量、舒适性设施、便利性设施、外观、氛围以及服务等。

接下来要讨论受访者对开放式问题的反馈，这些开放式问题是：人们如何描述各自住区的特征？他们喜欢住区的哪些方面，又不喜欢哪些方面？这些问题都是根据上面讨论过的几个重要主题整理出来的。随着采访进行，将针对许多相同的主题进一步向受访者提出更具结构性的问题，对这些问题的反馈会对住区的开放式印象和评价有所补充。这些反馈尽管涉及的范围不大，却可以在不同群体间进行更加准确的比较。这些反馈还能进行基准比较，后续将对此展开讨论。

住区：一个小社会

从采访中可以清楚看到，大部分受访者都认为，自己的住区从根本上就是一个社会环境。这种社会环境可能并不一定被称作或认为是“邻里”，相反，人们很可能根据社会阶层、种族或族裔的分类来进行描述。此外，对这种社会环境的描述有时也考虑到了内部社会动态，表明环境在经济上是稳定的还是处于转型期，在社交方面是同质性还是异质性，或者是否正处于种族构成变化之中。有些人提及这种社会属性时带有挑剔意味，也就是说，他们真正关心的问题是：是否适合养儿育女；住在该区的人是否诚恳老实；以及受访者与环境之间的冲突性和兼容性如何。可以肯定的是，这样的感受因区位不同而不同，而且通常会随收入和种族不同而变化。

高收入受访者们描述自己住区的社会环境为：“富裕的”或“中上阶层的”；住满了相似类型的人，都是好邻居；而且还有理想的养育子女的社会背景等。显然，高收入的人们已经能够实现很多人梦寐以求的居住理想，当然自己就能心满意足。在社会同质性和受庇护的社区里养育孩子，可能会产生什么样的影响呢？虽然也有少数人对此心存疑虑，却没有人提倡要向其他社会群体敞开大门。就像住在圣马力诺（San Marino）或帕洛斯弗迪斯（Palos Verdes）的一些受访者所认为的那样，他们的住区就是梦想成真之所。

我们无比幸福，对其他人如何生活一无所知。

——圣马力诺居民（高收入白人）

中上阶层，山地，都是些洛杉矶的豪宅。我不知道人们是做什么的，我不跟他们说话。

——贝莱尔居民（高收入白人）

没有任何冲突事件，所有人都各行其是，需要的时候都会毫不犹豫地伸出援手。没有任何种族群体聚集，有许多专业人士。

——太平洋帕利塞德居民（高收入白人）

中上阶层，地块大，治安好，街道宽阔，花园打理得棒极了。

——圣马力诺居民（高收入白人）

这个紧邻区域都是独院住宅——他们都是有职业的人。我认为这只是一个很普通的郊区。不是新建的邻里——根本没有浪荡公子那一类的事。这是一个较老的居住邻里。

——范奈斯居民（中等收入白人）

中产阶层，全都是白人邻居。家庭年收入从20000美元到30000美元不等。有好学校，是个好区域。

——坦普尔城居民（中等收入白人）

这里是中等到低收入阶层，有些地方很可能收入更低。大多数都是黑人，大多数房子都是住宅。

——克伦肖居民（中等收入黑人）

中上阶层或中等阶层，以自己的住宅为傲，子女优秀，尊重财产权利，对新搬来的邻居很亲切……没有穷人。

——韦斯切斯特居民（中等收入白人）

干净。没有邻居打架斗殴，整个街区的人们都关系亲密。夏天的时候我们互相照看房子。

——范奈斯居民（中等收入白人）

中等收入受访者看起来对自己住区的社会环境普遍感到舒服自在。他们把同区居民描述为“中产阶层”、“人好”以及“彼此互相照料财产”等。不过，在他们的评论里，也能感受到一种淡淡的恐惧和谨慎的情绪。例如，韦斯切斯特（Westchester，白人）居民似乎特别关注自己住区特点的改变。东长滩（East Long Beach，白人）居民厌恶那些没有维护好自己财产的不合格邻居。范奈斯（Van Nuys，白人）的受访者则对问题少年有所抱怨。

这基本上算是一个中产阶层邻里，差不多都是平均收入。有些人收入高于平均收入。他们大多都是有孩子的中年人。

——坦普尔城居民（中等收入白人）

让老年夫妇与年轻夫妇住在一起不太好。他们抱怨噪声、聚会、孩子。

——蒙特贝洛居民（中等收入西班牙裔人）

中产阶层 …… 种族混杂，有墨西哥裔美国人、亚美尼亚人、极少数的黑人、拉丁人，中低阶层。

——蒙特贝洛居民（中等收入西班牙裔人）

靠近许多汽车俱乐部、摩托车帮派的巡航区域。聚会过多，邻居打架。

——蒙特贝洛居民（中等收入西班牙裔人）

不同种族群体和年龄段的混杂区——大多数是退休的人和大学生年龄段的人。不是典型的中产阶层郊区居民。不是粉刷的豪宅，邻里有点特色。

——威尼斯居民（低收入白人）

现在没有二十年前好了，不如一个阶层好 …… 最近几年里，人们陆续都搬走了。墨西哥裔美国人正在搬进来，没有老人搬进来。

——威尼斯居民（低收入白人）

有些孩子和大人很坏——喝酒、赌博、骂人、放荡。

——沃茨居民（低收入黑人）

有瘾君子、暴徒、盗贼，不良影响恶化。

——沃茨居民（低收入黑人）

我住的街道安宁有序，邻居都是好人。

——博伊尔高地居民（低收入西班牙裔人）

中等收入白人——以韦斯切斯特居民为代表——好像对所处社会环境中的任何一点种族变化都感到焦躁不安，而与其对照的少数族裔——那些居住在综合区域的人们——却对这种种族异质性欣然接受，认为这是一件好事。但是，中等收入的西班牙裔人却同其对应的某些白人一样，也对自己社区中的年轻成员表示忧虑，特别是那些吵闹的年轻人和鲁莽开车的少年。在这些社区里，要实现不同年龄群体间的和谐共处，比起与不同种族或不同肤色的人比邻而居可能还要困难。

在较低收入水平，社会环境就成为一个大问题。低收入白人认为，他们的社会环境大体上不太稳定，住在那里的都是没有真正打算长住的暂住人口。他们怀疑种族混杂和年龄段混杂这两方面的异质性都越来越严重，憎恨背离既有的行为和生活方式规范。人的问题在低收入黑人和西班牙裔人住区最为严峻。他们在评论住区时传递出来的，是一种无处不在的恐惧感、不信任感、焦虑感以及与社会环境的疏离感（Rainwater，1966）。年轻人的帮派火拼和毒品问题也加剧了潜在的紧张关系，这一点也被人们屡屡提及。

从更具结构性的采访部分所获得的反馈也揭示了同样的趋势。表 3.1 分别按照期待值综合评分和具体项目评分，显示了不同人口群组的受访者对各自社会环境的感知情况，其中具体项目评分选自七分法双向语义差异量表[9]。

表 3.1 不同群组对社会环境的感知

受访者对社会环境的感受	人口群组						
	较高收入白人（人数 =85)	中等收入白人（人数 =80)	中等收入西班牙裔人（人数 =59)	中等收入黑人（人数 =86)	较低收入白人（人数 =88）	较低收入西班牙裔人（人数 =55）	较低收入黑人（人数 =22）
	综合评分（%）						
至少“有点满意”	93.7	76.7	75.5	69.9	45.7	48.9	31.8
	具体评分（%）						
至少“有点富裕”	82.4	38.8	30.5	21.1	3.5	7.4	0.0
至少“有点地位高”	88.2	41.8	43.1	48.2	20.0	1.9	4.5
至少“有点友好”	22.4	33.7	62.7	81.0	67.4	71.7	36.4
至少“有点融合”	81.2	82.4	86.4	82.4	72.4	81.5	59.1
至少”有点个性化”	60.0	56.3	57.6	52.9	37.9	45.1	22.7
至少“有点轻松感”	84.8	86.4	81.4	76.5	51.2	53.7	18.2
至少“有点健谈”	28.2	56.3	54.3	34.5	36.0	47.1	59.1

很显然，对住区社会环境的总体评价（如住在该区的“人的类型”）随收入减少而直线下降。几乎所有高收入群组的人，以及超过三分之二的中等收入群组的人，都给予了大致肯定的反馈，而大多数低收入群组的人给予的反馈则是否定的。

评价随收入减少而下降这一总体模式适用于大多数的具体项目评分，只有“融合-隔离”[10]和“友好-敌意”两项例外。低收入群组对“友好-敌意”一项的评分尤其耐人寻味，他们在其他方面都认为自己的邻居不太受欢迎。也许，社交期望值并不是社交性直接作用的结果，而是社会环境其他方面起作用的结果，诸如失范、地位和压力等。同样耐人寻味的是，低收入群组对“个性化-非个性化”一项的评分相当低，这与流行的观点恰恰相反。流行观点认为，这些群体与其周围社交环境的关系，要比与其对应的中高收入人群更为密切（Fried and Gleicher，1961；Fried，1963；Michelson，1970）。

住区：一个避风港

人身与财产安全是居住生活品质的另一重要方面。人们期望自己的住区能够提供安全与庇护，不受更大范围的城市社会的威胁。他们愿意把住区看作是一个庇护所、避难所，但是，对于大多数城市居民来说，这个愿望在很大程度上尚未实现。受访者中几乎没有人感到完全远离犯罪，犯罪问题正是所有收入群组都关心的一个问题，然而，邻里思想对此却几乎毫无考虑。

高收入受访者认为自己所处的环境相当安全，可以在晚间外出散步而不必担心遭到抢劫或袭击，但即便这样，他们也频繁地提到了抢劫、偷盗和其他财产犯罪行为。他们虽然也提到有良好的治安保护，强调自己要比周围社区更有保障，但还是普遍担忧安全问题。

……相当偏僻，有好多罪犯从山里、山坡那边过来。

——贝莱尔居民（高收入白人）

我们这里虽然曾经发生过九起盗窃案，但是警察署还不错。我们度假的时候，他们会帮助照看房屋。

——圣马力诺居民（高收入白人）

洛杉矶真没什么好地方可住。我猜，这里比别的地方还是要安全一些，而且租金还不赖。

——克伦肖居民（中等收入黑人）

你一提到安全性，我就想到了外面的罪犯。我们有治安监控，但警察署却在威尼斯，离这太远了。对我来说，警察才意味着安全。

——韦斯切斯特居民（中等收入白人）

还不算太糟糕。小孩子们往草地上扔易拉罐和瓶子（以前的邻居可不这样）。他们开着破车在街道上横冲直撞，这对孩子们来说可不安全。

——蒙特利帕克居民（中等收入西班牙裔人）

天黑了我就不会在街道上走，我们没有得到应有的治安保护。

——贝尔加登斯居民（低收入西班牙裔人）

尽管似乎只有少数人亲历过抢劫事件，但所有的中等收入受访者都对犯罪和治安保护问题表示极为关注。人们认为治安保护情况还是不错的，不过抱怨警方响应迟缓的事情在中等收入白人中间也时有发生。受访者的反应在各住区位置间也各不相同。内城区黑人似乎比与其对应的郊区同伴更重视这个问题，他们认为犯罪无处不在，城里情况格外糟糕，还强调这种看法很普遍。中等收入的西班牙裔人都来自内城住区，他们认为财产犯罪算是个问题，但并不严重。他们更担心的是暴力问题，尤其是与帮派活动有关的暴力事件。

犯罪和毒品问题在所有低收入住区都是抱怨最多的。对于白人来说，这通常意味着抢劫频发和青少年滥用麻醉毒品。在西班牙裔人住区和黑人住区，除了抢劫和麻醉毒品问题，人们还频繁地提到对人身攻击和青年团伙之间打斗杀人等事件的恐惧。在这些区域，更有可能出现的犯罪形式是人身攻击，而不是财产犯罪。

再来看看受访者对结构性问题的反馈。我们发现，这些印象都一一得到印证：人们对各自住区是安全可靠场所的信心随收入降低而急剧下降（表3.2）。人身与财产安全的综合评分虽然还包含了对人身和财产犯罪的其他威胁的感受，如火灾或交通隐患等问题，但是对犯罪问题的感受显然在评价中占主导作用，如表3.3所示。因此，人身与财产安全受到充足的治安保护、报警系统、可靠的社会环境等各方面保障，才是公众对其住区产生信心的基础。而且，恰恰由于缺乏这样的安全保障，才使得低收入住区更容易受到危害。

晚上你不能开着门坐着，因为他们会朝你开枪。

——锡蒂特雷斯居民（低收入西班牙裔人）

这一片有大量的暴徒，小偷太多。人很坏，打斗、杀人。

——沃茨居民（低收入黑人）

外面的人羡慕这里，想要拿走你得到的一切。他们根本不在乎你。

——史劳森居民（低收入黑人）

坏小子打碎过路汽车的玻璃，有的地方照明不好，这里团伙之间互相厮杀，我觉得不怎么安全。

——锡蒂特雷斯居民（低收入西班牙裔人）

我们一直有一个小问题——人身危险，孩子们曾经遭到两次种族帮派的袭击。有吸毒问题。

——威尼斯居民（低收入白人）

无赖、小偷、打斗、帮派。

——沃茨居民（低收入黑人）

表 3.2 各人口群组对人身与财产安全的感受

人口群组	认为至少“有点安全”或更好[a]所占的百分比（%）	人数
高收入白人	94.0	85
中收入白人	82.5	80
中收入西班牙裔人	73.7	59
中收入黑人	63.4	86
低收入白人	47.0	88
低收入西班牙裔人	53.8	55
低收入黑人	9.1	22

[a] 包括了“安全”和“非常安全”两个级别。

住区：呼吸的空气

在邻里原则形成的时候，空气质量同犯罪与安全问题一样，都还不算是问题。即使现在，烟尘问题和空气质量可能也不是评判主要都市区域之外居住生活品质的重要因素。在洛杉矶，人们深知空气质量对财产价值以及人的健康、情绪和休闲习惯等都已经产生了显著影响。空气质量被视为一种来自环境的持续威胁，大多数洛杉矶人都想要摆脱这种威胁。在二十二个住区位置中，有五处（其中包含了所有收入阶层的白人住区）地处沿海，因而享受着清新的空气。这五个住区分别是：太平洋帕利塞德（Pacific Palisades）、威尼斯（Venice）、帕洛斯弗迪斯（Palos Verdes）、长滩（Long Beach）和东长滩（ East Long Beach）。当然，这些住区的受访者对呼吸到如此清新的空气都表示非常开心，也把这一因素作为这些场地的积极方面而频繁提及。

几乎所有的非白人住区位置——不论收入阶层如何——都处于内陆地区，而且在空气质量方面也没那么幸运。有许多住区正好处于圣盖博谷（the San Gabriel Valley）或洛杉矶中南部的“烟尘带”上。

表 3.3 对人身与财产安全评价做出的最频繁的解释 [a]

不同解释者给出的最常见解释 [a]	
认为自己住区至少“有点安全”或者更好的人	认为自己住区“不好不坏”（即既不算安全，也不算不安全）或更糟糕的人
1. 财产安全	1. （缺乏）财产安全
2. 治安	2. （缺乏）人身安全
3. 人身安全	3. 住房安全
4. 报警系统或其他措施	4. 人的类型
5. 人的类型	5. 交通安全
6. 交通安全	6. （缺乏）治安巡逻
7. 住房安全	7. 街道照明
8. 位置；邻居警惕性	8. 位置
9. 消防巡逻	9. 消防巡逻
10. 消防安全	10. 报警

[a] 依据每个反馈类别的提及频次进行排序

我能闻到有烟尘，我也能看见烟尘（不过，并不辣眼），我在想孩子们的肺会受到多大的影响。

——圣马力诺居民（高收入白人）

实际上没有烟尘，夏天气温要比中部城市低些，冬天比较暖和，午后总会有微风。

——韦斯切斯特居民（中收入白人）

我们在圣盖博谷里，在一个口袋形的区域里，烟尘就弥漫在这里。

——圣马力诺居民（高收入白人）

我希望有人能研究一下这里的空气，因为我发誓我们拥有全国最好的空气。

——韦斯切斯特居民（中收入白人）

空气质量问题都来自炼油厂，又臭又难闻。

——卡森居民（中等收入黑人）

一般来说，与相对应的低收入受访者相比，高中收入受访者似乎更关注空气质量问题。那些因地处沿海而享受着清新空气的人们，在将自己的住区地块与其他地块相比较时，都特别提到了空气质量。而没有享受到新鲜空气的人则显得非常苦恼——例如，圣马力诺的高收入居民（白人）就抱怨圣盖博谷的空气质量。贝莱尔（Bel-Air，高收入白人）居民对住在圣迭戈高速公路（San Diego Freeway）附近感到非常不舒服，对烟气尘和污染怨声载道。东长滩（中等收入白人）居民尽管也靠近海岸，却苦于附近出现了一个公用设施工厂。此外，他们还认为，来自长滩机场航空运输的废气和航空燃油排放也很令人讨厌。同样，卡森（Carson，中等收入黑人）居民也抱怨来自附近炼油厂和新建工业园区的烟尘。像圣马力诺居民一样，来自圣盖博谷其他位置的受访者也在担心烟尘问题，这些住区有：锡蒂特雷斯（City Terrace，中等收入白人）、蒙特利帕克（Monterey Park，中等收入西班牙裔人）和蒙特贝洛（Montebello，中等收入西班牙裔人）等。

较低收入居民的住区尽管整体空气质量也很糟糕，但除威尼斯（白人）和长滩（也是白人）居民以外，其他住区居民并没有谈及太多烟尘问题。他们尽管也像我们在别处看到的那样，对空气表示不满意，然而在关注问题和优先事项的排序中，空气质量却明显地排在后面。如同前面讨论过的，他们更为耿耿于怀的，是犯罪、麻醉剂、毒品和暴力等问题。不过，对空气质量的抱怨之声偶尔也还是有的。例如，高速公路网和各种立交桥包围在博伊尔高地（Boyle Heights）的四周，那里的居民就强调高速公路是空气污染的直接源头。

再来看看表 3.4，我们发现，环境的空气质量与收入阶层看起来也直接相关。除高收入白人以外，在其他受访者中，绝大多数人都认为，自己所在住区的空气质量甚至连“有点干净”都算不上。这一发现耐人寻味，因为一些中、低收入白人的住区（每组四个住区里各有两个）就我们难得有清澈的蓝天，88%的时间里都是烟尘弥漫，我们连半英里外的山都看不清，眼睛火辣辣的，人变得又疲惫又倦怠。

——蒙特利帕克居民（中等收入西班牙裔人）

你能闻到烟味——污浊不堪，看不到美丽的群山，天空是黄的，你能感觉得到烟尘——伤肺。

——范奈斯居民（中等收入白人）

嗯，整个城市都烟雾弥漫。

——史劳森居民（低收入黑人）

我们以前也曾经有过美好时光。但是现在却有来自大量高速公路的烟尘。

——贝尔加登斯居民（低收入白人）

人总是要四处走动的，却没有像墨西哥地铁那样的快速交通，因此你只能利用汽车，或乘公交车。

——博伊尔高地居民（低收入西班牙裔人）

位于海岸附近，因而应该有可能享受到比较清新的空气（图3.4）。然而，沿海的位置以及从空气质量监测站得到的数据信息可能都掩盖了各种局地变化（从而也掩盖了对空气质量的局部感受），这些局地变化会受到很多方面的影响，包括工业、炼油厂、高速公路、停车场，以及人们熟知的作为主要固定污染源的其他土地用地（诸如加油站、洗衣店等）。当我们要求受访者解释一下自己对空气质量的感受时，他们不仅提到空气污染（或者没有空气污染）状况，还提到了他们认为造成（或缓解）这一问题的各种因素，如表3.5所示。

表 3.4 各群组对空气质量的感受

人口群组	认为空气至少“有点干净”或更好的百分比（%）	人数
较高收入白人	61.9	85
中等收入白人	25.6	80
中等收入西班牙裔人	19.6	59
中等收入黑人	27.5	86
较低收入白人	20.2	88
较低收入西班牙裔人	16.0	55
较低收入黑人	18.2	22

表 3.5 对空气质量评价做出的最频繁的解释

不同解释者给出的最常见的解释[a]	
认为自己住区的空气至少“有点干净”或者更好的人	认为自己住区的空气“不好不坏”（即既不干净，也不乌烟瘴气）或更糟糕的人
1.（有）海风、风或其他的气候或地理因素	1. 体感不适
2.（没有）雾霾或能见度低	2. 雾霾或能见度低
3.（较好）与其他地方或位置相比	3. 工厂、高速公路、飞机和其他这样的污染源
4.（没有）体感不适	4.（更糟）与其他地方或位置相比
5.（没有）难闻气味	5.（没有）海风、风或其他气候和地理因素
	6. 气味难闻

[a] 依据每个反馈分类的提及频次进行排序。

住区：舒适之源

在受访者对住区的描述中，一个常见主题是关于舒适性和便利性问题。舒适性是指能使生活更加舒适和愉悦的品质，比如，附近有公园，有通往海滩的边界通道，离博物馆或其他文化设施很近，自家起居室窗外的风景美不胜收，或者环境安静而私密等。便利性则包括：有满足日常需要的方便服务和可用设施，公共交通顺畅，附近有完善的购物区，以及区域娱乐设施或孩子上学的学校都方便易达等。

商会严格管控人员进入，捣蛋鬼是禁止入内的，这样就使一切都秩序井然。还有修剪整齐的车道等。

——太平洋帕利塞德居民（高收入白人）

从住区位置去洛杉矶的许多不同地方都极其便利——最多40分钟就可以去洛杉矶城里、山谷或者海滩。步行去购物中心走的距离要长一点。送孩子上学校就得开车了。

——贝莱尔居民（较高收入白人）

商店相当近。公共汽车几分钟就来一辆。这个住区里有我们需要的一切，距离都很近。

——惠蒂尔居民（中等收入西班牙裔人）

不出所料，高收入居民把自己的住区描述为具有高度舒适性的场所。所有这些住区位置不仅都有维护良好且服务齐全的公共环境，还拥有充足的私人和公共公园以及开放空间，也都相当安静和私密。太平洋帕利塞德和帕洛斯弗迪斯这两个地块都能俯瞰大海，又靠近海滩；贝莱尔和圣马力诺则临近大学和博物馆这样的文化设施。居民们虽然享有这些舒适性设施（图3.15、图3.16），但并不热衷于区位便利性。低密度、专属土地用途、郊区或半乡村化的坐落位置等，

这些特点都给住区带来了高度的舒适性，然而，也恰恰是这些品质，又使住区在购物、学校、娱乐以及类似的活动场所方面，都处于不够便利的位置上。例如，大多数帕洛斯弗迪斯居民都敏锐地意识到，自己为享有这些舒适性设施也付出了相应的代价：他们远离了城市，孤立于许多区域设施和文化设施以及其他城市服务之外，而这些地方离开汽车就寸步难行。

图 3.15 太平洋帕利塞德（高收入白人）的娱乐设施和舒适性设施

根本谈不上公共交通。没有大型的食品店。没有医生、药剂师，也几乎没什么公园可以让小孩子们玩耍。

——鲍德温帕克居民（低收入白人）

住区很小，设施都在很近的范围内。有购物、交通、城市设施，教育建筑、高速公路和公交系统一直在不断改进。

——蒙特利帕克居民（中等收入西班牙裔人）

这是一个令人愉快的社区。你感到安全，邻居们的确很友好。孩子们喜欢这里，我们就喜欢这点；安全。干净。学校很好。购物、公交都很近，是个好位置。可以跟邻居们很好相处，可以依赖他们。

——惠蒂尔居民（中等收入西班牙裔人）

图 3.16 太平洋帕利塞德（高收入白人）的娱乐设施和舒适性设施

中等收入的受访者往往更强调住区的便利性，而不是舒适性。偶尔会有人谈到安静是一种舒适性，但多数人都会抱怨住区过于吵闹——即不舒适性。总体来看，大多数中等收入受访者认为，他们的住区位置在上学、购物以及各种区域设施利用方面都很便利。如，韦斯切斯特居民就享受着住区靠近主要购物和商务区的便利性。东长滩居民谈到，他们的住区靠近三条高速公路——这增加了出行潜力。坦普尔城（Temple City）居民也特别强调了上学和购物的可达性。不过，卡森居民对位置因素却一点也高兴不起来，还抱怨购物、上学、逛公园和娱乐活动等都不够便利（图 3.17~ 图 3.19）。

在较低收入水平，根本无人提及舒适性，对便利性的看法也是众说纷纭。例如，威尼斯居民尽管也有各种各样的问题，然而普遍承认商店位置很方便，而鲍德温帕克（Baldwin City）居民则抱怨商品价格太高（没有大型零售店可以利用造成的结果），还抱怨雨水沟、人行步道、污水处理系统以及公共交通等设施不足。博伊尔高地居民谈到缺少街道照明，还谈到住区里噪声不断、环境不好。同时，他们又喜欢离教堂和大医院很近。锡蒂特雷斯的居民也同样认为，自己住区尽管存在许多社会问题，但位置便利。东洛杉矶（East Los Angeles）居民希望附近最好有充足的购物中心，但除此之外，则喜欢靠近教堂、诊所和大医院。

综上所述，我们从表 3.6 可以看出，除一个群组（低收入黑人群组）外，绝大多数的人口群组都认为自己住区至少具有一定程度的便利性。这一发现可能正好可以说明人们对洛杉矶神话般高效城市形态的狂热迷恋。土地利用和各种活动的空间扩散被认为是洛杉矶地区许多环境问题的根源，这种空间扩散似乎已经在大部分区域都形成了高度冗余和易达的城市形态。确实，当我们审视各人口群组汇报的六个不同机会项目的出行时间中值数的时候，当我们把这些数据与《邻里规划》（APHA，1960）所推荐的标准，以及更近期的规划与设计标准手册（deChiara and Koppelman，1975）进行比较的时候，很明显，所有这些数字都正好处于规定标准的上限范围内。

图 3.17 克伦肖（中等收入黑人）的雷玛特公园（Leimart Park）及其毗邻商店

图 3.18 东长滩（中等收入白人）的一个安静的住宅街道

图 3.19 韦斯切斯特（中等收入白人）的一个主要购物区

表 3.6 各人口群组的不同便利性设施的易达性、对整体便利性的感受，以及相关规划标准

	去往各处的出行时间中值[a]						认为自己住区至少“有点便利”或更好的人所占的百分比（%）
人口群组	工作	走亲访友	孩子上学	文化娱乐	购物	休闲	
较高收入白人（人数 =85）	16.6	16.5	8.1	24.4	8.0	12.1	75.0
中等收入白人（人数 =80）	17.7	13.1	8.0	24.0	8.0	13.5	85.0
中等收入西班牙裔人（人数 =59）	17.0	8.3	7.6	18.6	7.7	12.4	86.3
中等收入黑人（人数 =86）	18.6	13.5	11.3	24.1	7.8	17.8	74.1
较低收入白人（人数 =88）	16.4	12.0	11.5	24.4	8.0	11.8	65.5
较低收入西班牙裔人（人数 =55）	24.0	17.9	12.3	24.9	13.5	51.7	77.8
较低收入黑人（人数 =22）	28.8	8.8	8.1	23.8	15.0	24.2	40.9
相关规划标准如下所示							
《邻里规划》（1960）	20~30	—	小于 15[b] 小于 20[c] 15~25[d] 20~30[e]	20~30	小于 20	小于 20[f] 30~60[g]	—
de Chiara and Koppelman（1975）	60	—	20~30	60~90	小于 20	小于 30[f] 45~60[g]	—

[a] 以受访者“做”交换游戏时填写的“可达性”卡片为依据。参见附录 A；[b] 托儿所和幼儿园；[c] 小学；[d] 初中；[e] 高中；[f] 当地休闲活动；[g] 重要的户外休闲活动。

不过，也有不少迹象表明，低收入少数族裔在区位上仍然承受着一些相对劣势。与其他群组相比，他们似乎距离工作地点、购物区和休闲设施等更远。显然，即使洛杉矶那样的高度冗余和易达的城市形态，也无法为这些住区提供同样水平的便利性和有利条件。

住区：实体空间

空间感是建立在一个区域的整体“外观”和“感觉”上的（Lynch，1976）。不出所料，高收入受访者对所处环境的外观和氛围给予了高度评价。他们认为自己的住区独特而优美，充满田园风情。太平洋帕利塞德居民谈到了“小型近郊住宅区”般的住区氛围、可控且专属的土地用途，以及茂盛的植被和丰富的景观。贝莱尔居民着重提到的，是住区具有乡村特点、临近未开发的山坡以及没有人行道。帕洛斯弗迪斯居民则对住区的自然美和人工美以及田园气息赞不绝口（图 3.20、图 3.21）。

住区和住宅的实体布局很少引起中等收入受访者的评论，他们认为实体布局比够用稍好一点，但还不值得赞扬。可能实体布局与居民的预期较为吻合，因此他们的注意力都直接指向了非实体问题上。不过，偶尔也有人提及住区的实体形式。如，范奈斯的公寓居民抱怨过附近的商业用地及其造成的交通拥堵问题。而混乱的街道模式则是克伦肖居民（Crenshaw）抱怨的小毛病的根源（图 3.22 ~ 图 3.25）。

图 3.20 绿树成荫的街道，位于贝莱尔高收入住区

图 3.21 绿树成荫的街道，位于圣马力诺高收入住区

这里很美，有树，而且规定每家的房子都要刷轻淡柔和的色彩，瓦屋顶，山海相连的地形。弯曲的街道和路边的邮箱形成总体氛围。

——帕洛斯弗迪斯居民（高收入白人）

我想说这里有点乡村般的氛围：有许多的树、花、草地，还有景观车道、骑马专用道、自行车道。我不知道你还能想要什么——一点也不乱，大而奢华，风景如画。

——帕洛斯弗迪斯居民（高收入白人）

这里看起来很好，好像精心规划过。处于中心位置。

——蒙特贝洛居民（中等收入西班牙裔人）

（我们周围）有酒吧、酒类专卖店、摩托车、警察局、汽车、救护车、消防车、卡车、公共汽车，还有公共汽车冒的废气，以及严重的交通拥堵。这里有时压抑得我几乎喘不上气来。

——范奈斯居民（中等收入白人）

好地方，气氛安静祥和，接近乡村氛围。洛杉矶太拥挤了。

——卡森居民（中等收入黑人）

图 3.22 住区边缘的拥挤交通——韦斯切斯特（中等收入白人）

图 3.23 范奈斯的混合用地

图 3.24 壁画为克伦肖（中等收入黑人）原本平淡无奇的居住街道增加生机

图 3.25 甚至油井架也是居住景观的组成部分——来自卡森（中等收入黑人）的实例

在低收入住区，外观和氛围问题则不那么简单。受访者频繁地使用**肮脏**这个词来描述这些地方。威尼斯居民抱怨有人养狗既不圈上也不拴起来，抱怨街道狭窄、地块狭小、住宅密度高而且拥挤不堪。贝尔加登斯（Bell Gardens）的受访者谈到租赁的房屋缺乏修缮。来自博伊尔高地和锡蒂特雷斯的西班牙裔受访者也抱怨街道肮脏，或者没有铺装，街道照明设施也不足。但是，这些对于那些与他们对应的黑人群组来说，就不算是什么问题。黑人群组似乎更关注收入、租金和其他迫切的社会问题和宜居性问题（图 3.26 ~ 图 3.30）。

一条主街上大多都是公寓。走着就可以去小酒馆、药房和医用商店。我认为这里并不是那种适合居住的地方，大多数都是公寓。吵闹。这里我唯一喜欢的一点就是方便。除此之外都是白扯。

——范奈斯居民（中等收入白人）

很好，安静的社区，中产阶层的邻里。我以前住在另一个地方，周末会听到警笛声、救护车声等，但是这里没有这些。

——卡森居民（中等收入黑人）

很脏，这里总是尘土飞扬，灰尘从窗户吹进来。本来可以很美，有几个挺好的院子和人，但是我不认识他们。

——贝尔加登斯居民（中等收入白人）

大多数时间街道都是脏的，落满灰尘，因此，呼吸的空气不干净。

——东洛杉矶居民（低收入西班牙裔人）

这些结构性问题所针对的，是住区作为实体空间的一些其他方面。总的来说，人们对自家住宅空间的满意度，要高于对更大的住区的满意度。只有较高收入的白人群组声称自己的住区空间开阔。表 3.7 显示了受访者对实体空间的评价，包括空间、私密性、舒适性、美观性、外部环境以及维护程度等方面。很显然，收入群组之间存在差异，高收入群组通常拥有更多的满意特征。不过，在低收入西班牙裔人中间，对各种住区属性给予肯定回答的人所占比例也很高，这一点令人惊讶。在其他方面，这一模式并不像其他考虑因素那样明显。

小孩很闹，空间不够用；脏，停车场油油的，小偷太多。

——沃茨居民（低收入黑人）

这不是一个好地方。我是不得已才住这里的，我们都是这里的穷人，这种困境从未好过，我们的状况真悲惨。应该组织起来，但是要把穷人、不幸的人号召起来很难。你看，我们就是下层人，下层人要改变状况只有一条路，那就是反抗和发泄愤怒。在下层人角落居住的成本有助于维持生计。我们什么都买不起。帮派互相杀戮——下层人杀害下层人，因为他们不敢去杀仇敌。他们充满沮丧，互相发泄敌意。

——沃茨居民（低收入黑人）

图 3.26 有涂鸦装饰的一个街角市场，位于锡蒂特雷斯（低收入西班牙裔人）

图 3.27 几乎无人提及的特征——装点威尼斯住区（低收入白人）的众多壁画之一

表 3.7 各人口群组对实体空间的感受

受访者认为住区是	人口群组（%）						
	较高收入白人（人数=85）	中等收入白人（人数=80）	中等收入西班牙裔人（人数=59）	中等收入黑人（人数=86）	较低收入白人（人数=88）	较低收入西班牙裔人（人数=55）	较低收入黑人（人数=22）
至少“有点开敞”	77.6	32.5	37.9	39.3	14.9	38.9	31.8
至少“有点私密性”	96.5	76.2	67.8	63.5	40.7	40.7	13.6
至少“有点漂亮”	97.6	65.0	76.3	81.0	32.2	44.4	22.7
至少“有点打理过”	95.3	82.5	76.3	86.9	34.5	64.8	50.0
至少“有点安静”	69.4	38.8	47.5	57.6	36.8	60.0	22.7
至少“有点自然”	47.1	12.5	13.6	13.3	9.2	14.8	27.3
至少“有点耐久性”	64.7	41.3	33.9	27.4	31.9	76.9	77.3
至少“有点舒适”	97.6	91.2	94.9	88.1	70.1	81.5	40.9
至少“有点干净”	95.3	83.8	86.3	74.1	65.5	77.8	40.9
“刚刚够用的住宅空间”或更好[a]	90.4	72.0	74.1	75.3	67.1	76.0	45.5

[a] 来自受访者玩交换游戏时填写的“住宅空间充足性”卡片数据。参见附录 A。不过，请注意，这一项尽管特别适用于住宅空间的评价，但是表中第一项由双向语义细分量化表推导而来，指的是整体住区。因此，这两个数值范围大不相同。

图 3.28 缺乏维护和管理——博伊尔高地（低收入西班牙裔人）的一条街道

与实体空间感相联系的是社区概念。空间场所与社区的“黯然失色”和日渐衰退，已经成为研究城市社会进程的学者们之间讨论的主要论题（Suttles，1975；Webber，1964；Fische，Jackson，Stueve，Garson，Jones and Baldassard，1977）。我们还记得，邻里单位思想的背景价值观念之一，就是要恢复、维护和营造社区感。然而，在受访者的居住情况描述中，提及社区的并不多见，只有来自三个区位的受访者始终都提到了这一点，分别是：圣马力诺（高收入白人）、惠蒂尔（Whittier, 中等收入西班牙裔人）和威尼斯（低收入白人）。在这三个案例中，城市或社区似乎才是参照的框架，而不是直接对应的邻里。在圣马力诺住区，这一反馈结果可能要归因于住区的排外性，也就是说，住区由自行选择的群体（自行选择的依据不仅要看收入，还要看社会价值观）进行维护，这个群体的人都有共同的政治立场[明显强调了保守主义，频繁提到约翰·伯奇协会（John Birch Society）]。因此，搬迁到圣马力诺，就好像加入了一个专属的“乡村俱乐部”，而且人们与整个社区的归属关系，比其直接对应的住区还要重要。圣马力诺之所以是一个卓越的“社区”，还可能是因为其年代久远。这是一个存在已久的社区，早在20世纪40年代就已经建设得很有威望，其地位和吸引力自建成之日起一直经久不衰。

图3.29 破碎的人行道和凌乱的垃圾——威尼斯（低收入白人）

同样，社区历史可能也使惠蒂尔和威尼斯两个住区具有独特品质。惠蒂尔建于20世纪40年代，比我们采访过的大多数其他中等收入社区更为年代久远。这一住区也有一些与众不同的实体特征，如有一座小山，四周由高速公路限定出边界等，这些可能都有助于增加社区感。作为美国前总统（美国第37任总统理查德·米尔豪斯·尼克松，译者注）

的故乡，其象征意义可能也使其增色不少。当然，威尼斯住区还是加利福尼亚州南部的一个传奇，作为海滨旅游度假城镇，建造于世纪之交，一起建成的还有运河和贡多拉游船（威尼斯特有船型，译者注）。那是一个令人好奇的时代，充满了带有欧洲传统的加利福尼亚浪漫主义精神，那个时代的大多数手工艺品已经随时间流逝荡然无存；而运河尚在，不过有名无实罢了。同样，“威尼斯”这个名字也有名无实了。尽管新开发不断从边缘侵入，原来的实体社区遭到或多或少的破坏，然而昔日光环依稀尚存，其“社区”称号也依然可信。

图 3.30 鲍德温帕克（低收入白人）空置、废弃区域的景观

总之，在这些住区描述中表达出来的社区感，往往超出了直接对应的居住场所。凡是人们提及社区感的地方，好像都存在着某种机缘巧合或者某种传说，而不仅仅只是公共政策的结果。但是，更重要的一点是，绝大多数情况下并没有人提及社区感。大多数群组更为一致认识到的，都是实体空间的外观和“氛围”。

住区：公共服务的渠道

从上述一些描述中可以明显看到，住区也可以看作是公共服务的渠道，这些公共服务包括学校、治安、消防、街道清洁、垃圾回收等。又是高收入白人看起来对政府的服务水平和学校体系感到满意。但是，在13号法案（Proposition 13）颁布之前的数年里，人们也常常提到高额财产税。人们对公共服务质量虽然赞赏有加，但也普遍感觉到，这些服务都是以支付沉重税金为代价换来的。

中等收入的白人也对自己的学校、治安和消防服务表示满意，但是偶尔还是能听到对高税收的抱怨。在中等收入黑人中间，对交通和治安的看法褒贬不一。处于郊区的卡森居民对交通条件表示不满意；内城区的克伦肖居民则对治安表示不满。大多数中等收入的西班牙裔人对学校和公共维护服务感到满意；但是，只有蒙特利帕克居民声称对治安服务满意。

在低收入地区，公共服务的情况更是差强人意。例如，鲍德温帕克居民抱怨雨水沟、污水处理系统和公共交通等设施都不够充足。锡蒂特雷斯居民也抱怨缺少公共交通，警察的表现也差强人意。只有博伊尔高地和东洛杉矶的居民对公共交通、健康卫生服务和公共环境的维护都表示满意。

如果需要叫警察，他们会在合理的时间内到达这里——哦，十分钟吧。

——韦斯切斯特居民（中等收入白人）

路灯不怎么好用，一下雨路灯就灭了，甚至不下雨也会这样。市场和汽车站都太远了，我们只能步行走过那座桥。教堂也很远。街道不是很干净，没有医疗中心。倒是有一个临近的医疗中心，但他们说我们不归他们管。我们只能去综合医院。

——锡蒂特雷斯居民（低收入西班牙裔人）

临近就有很多教育机构，如多明格兹岗分校（Dominguez Hills）和加州大学长滩分校（Cal State Long Beach），休闲、学校和公园大多在一条线上，警察的安保服务应该得到表扬，有工业区位因素，比如工业公园，因而为失业者带来许多机会。但是，距离做礼拜的地方太远了。离我的亲戚朋友也都太远了，附近没有购物区，如精品服装店。

——卡森居民（中等收入黑人）

孩子和大人都没有可以利用的休闲设施，提供的休闲活动都太远了，孩子们必须有交通工具才能到那里。这个区域需要公园一类的设施。

——卡森居民（中等收入黑人）

有很好的交通系统，附近就有教堂，地面和街道照明都很好。街道是铺砌好的。我们的住区里有适合的社交活动，我们的住区干净而充满魅力。

——东洛杉矶居民（低收入西班牙裔人）

不同家庭周期阶段的感受差异性

到目前为止，我们阐述的研究成果主要是关于不同人口群组间的差异性。如果对开放式反馈按照家庭周期阶段也进行这样的层层分解，那么分析和阐述就会既复杂又单调，因此，我们没有尝试按照各家庭周期阶段对研究结果进行整理。相反，我们把重点放在相关的量化反馈项目上，这些量化反馈项目都适合做某种约束性分析，比如多重分类分析等。我们现在要讨论的，是与各家庭周期阶段有关的一些普遍性的研究成果。就大多数量化反馈来看，只要通过多重分类分析来约束人口群组效应，就可以考察不同家庭周期阶段的校正均数[11]。我们发现，总体来说，人口群组效应虽然在统计学意义上几乎总是很显著，但对于家庭周期阶段来说，这种情况却很少见。不过，审视这些差异性在什么情况下出现，并讨论其对规划和设计的影响，仍然非常重要。

我们发现，在“社会环境”方面，各家庭周期阶段之间对“融合－隔离”和“友善－敌意”两个项目的评分也存在显著差异。相比另两个家庭周期群组来说，老年人更倾向于认为，自己的社交环境更加融洽而友好[12]，但是，一旦人口群组效应受到约束，那么在安全性[13]、空气质量[14]或便利性等方面，感受差异性就没有这么显著。不过，在开阔性、住宅空间的完备性以及住区的舒适性等方面的感受上，则明显可以看到有显著差异性。通常情况下，老年人在评价中更具包容性，而年轻些的家庭不论是否有子女，往往都更苛刻一些。如同前面提到的那样，老年人似乎更容易感到满足，这种反应也许体现出一种与年龄相关的期待克制[15]。其他群组则由于孩子或生活方式方面的种种预期，对其紧邻环境的要求看起来要更高一些。

满意度与优先顺序

在前面的讨论中，我们尝试进一步阐述了一些主题，这些主题奠定了人们对居住环境印象的基础。在阐述过程中，我们还试图指出不同社会群体之间在这些问题上的各种显著差异。到现在为止，还没有探究的问题是：在这些问题中，有哪些问题更为重要？又对于哪些人群来说才更为重要？以及各自居住环境中的不同方面，如何使不同群体感到满意？在本节中，我们要利用从另一部分采访中获得的资料信息对这些主题进行探索[16]。受访者在这部分采访中参与了一个交换游戏，作为游戏的一部分，他们按照要求对一组选定的十一个居住属性标示出满意度和优先顺序。其中有六个属性与重要场所的易达性有关，这些重要场所分别是：工作、学校、访亲问友、文化和娱乐设施、购物以及休闲活动。其余属性则代表了整体居住环境的各个重要方面，包括空气质量、住宅空间、密度、人身与财产安全以及该区居民类型等。这些项目虽然没有涵盖开放式反馈中隐含的所有问题，却与这些基本问题中的大部分相对应。

图 3.31 以图形表示了七个人口群组间的本质差异，可以称作满意度概况图。轮形的十一根辐条线分别代表上述十一个属性。每根辐条线显示了某个特定群组在七分量化表中的满意度对应值，其中 1 分表示“非常不满意”，7 分表示“非常满意”。阴影面积代表 4 分或更低，与“既不令人满意，也不令人不满意”到“令人非常不满意”的评级范围相对应。我们在这里假设 4 分是不满意阈值。

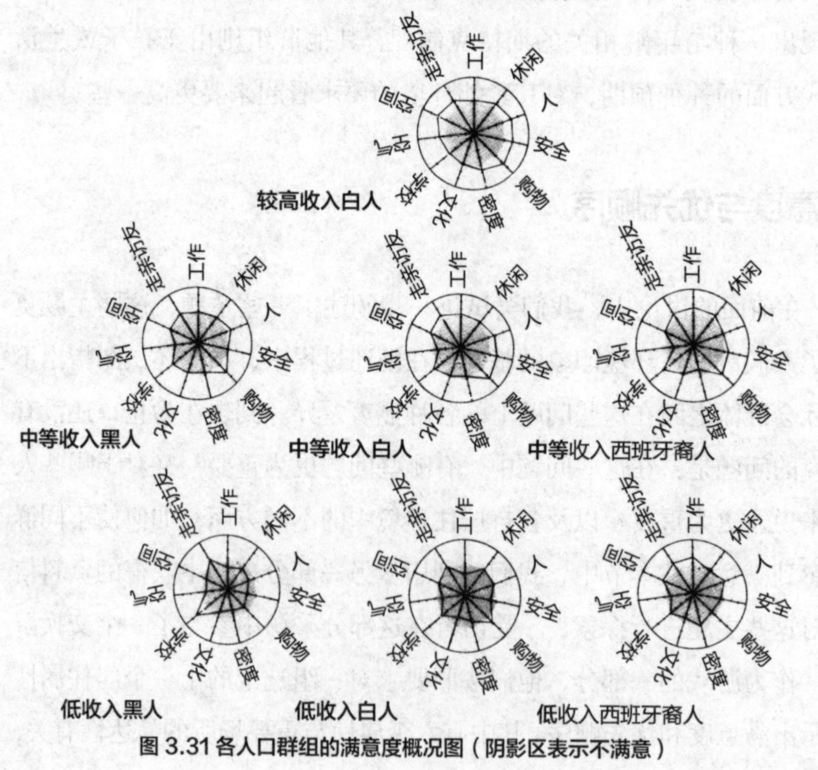

图 3.31 各人口群组的满意度概况图（阴影区表示不满意）

满意度概况从低收入向高收入水平的变化趋势十分明显。高收入群组不仅有较高水平的满意度（从未下降到不满意阴影区里），而且还有最圆滑的轮廓，表明他们对居住环境**所有**方面的满意程度大致均等（“学校可达性”可能是个例外）。中等收入群组不仅显示出较低水平的满意度，而且轮廓也不太圆滑。低收入群组对大多数属性的满意度水平都最低，轮廓也最不圆滑。唯一一个令所有群组都感到满意的属性，是“走亲访友可达性”。总的来说，中低收入居民对其住区可达性水平的满意度，看起来要高于对外部环境品质的满意度。就高收入群组来说，对可达性只有轻微的不满意，当然也应该只有轻微不满意而已，因为不管怎么说，选择在以低密度和长距离往返市中心为特征的邻里居住，毕竟是这些人深思熟虑后的结果。他们有意识地在距离和环境之间进行了取舍。事实上，几乎所有群组似乎都愿意做那样的交换，但是，只有富人才能够负担得起这种交换，而其他人则只能望洋兴叹而已。

在交换游戏的另一部分活动中，我们要求受访者在十一个属性间分配筹码，以此表示各属性的相对重要性[17]。表 3.8 和表 3.9 分别表示了不同人口群组和各家庭周期阶段按照校正均值排列的属性顺序。也就是说，在这两个图表中，各属性都按照交换游戏里不同群组分配的平均筹码数进行排序（附录 A）。

总体来说，外部环境属性看起来要比可达性属性的排序更靠前，不过，有一些例外情况也很重要。对于有子女家庭来说，学校可达性排序靠前，对于某些少数族裔群组也是如此，只有低收入西班牙裔人群组例外。洛杉矶的学校废除种族隔离争议在 20 世纪 70 年代达到高潮，我们的数据虽然是在那个时期之前采集的，但这些问题已经郁积良久，而且学校可达性成为最优先考虑事项，也很可能正是这些问题的征兆。在其他可达性属性中，唯一一个看起来具有稍高优先级的，是购物可达性。工作可达性的排序并不高，但低收入的西班牙裔人和黑人这两个群组都对其目前获得工作机会的状况表示不满意，如图 3.31 所示，这大概表明，市郊化就业机会日益增多，对内城区的少数族裔工人产生了负面影响。

除上述两种情况外，表 3.8 和表 3.9 都清楚表明，外部环境属性对于所有群组都具有较高的优先级，只是顺序略有不同而已。不过，这倒正好表明，有必要研究一下这些各种各样外部环境属性的相对排序在群组间是如何变化的，又如何与前面讨论过的开放式问题反馈的组际差异性相对应。

值得注意的是，所有白人群组（高、中、低收入等）都认为，空气质量是优先级排序最高的外部环境属性，但是非白人群组则不是这样。事实上，黑人群组对空气质量的优先级排序很低。所有非白人群组还把安全性排在最优先的位置上，只有低收入黑人群组是例外，他们认为相应的社交环境要比安全性更为重要。当然，对于来自穷困潦倒的黑人贫民窟的居民来说，住在同区的"人的类型"才决定着"人身与财产的安全"。

按照马斯洛学说，这些优先级排序很可能反映了不同社会群组的不同需求层次（Maslow，1962），而相应居住环境在当前存在的不足之处、缺失情况以及是否容易受到攻击等因素，则形成了这些不同的需求层次。不管怎样，优先级排序进一步证实了我们从开放式反馈中得到的结果，也证实了以前其他信息源所呈现的结果。

表 3.8 各人口群组的居住环境优先事项排序（筹码分配的平均值[a]）

较高收入 白人 （人数 =85）		中等收入 白人 （人数 =80）		中等收入 西班牙裔人 （人数 =59）		中等收入 黑人 （人数 =86）		较低收入 白人 （人数 =88）		较低收入 西班牙裔人 （人数 =55）		低收入 黑人 （人数 =22）	
空气	3.5	空气	3.8	空气	3.3	安全	3.6	空气	3.7	安全	3.8	人	5.9
安全	3.3	安全	3.0	安全	3.3	人	2.9	安全	3.0	空气	3.0	安全	4.6
空间	3.0	空间	2.7	**学校**	2.8	空间	2.8	空间	2.7	**朋友**	2.7	**购物**	3.1
人	2.5	人	2.3	**休闲**	2.3	**学校**	2.6	人	2.5	**购物**	2.7	**学校**	2.7
购物	2.3	**购物**	2.2	**购物**	2.3	**空气**	2.5	**学校**	2.3	空间	2.5	密度	2.6
工作	2.0	**工作**	2.1	空间	2.3	**购物**	2.5	**购物**	2.3	**学校**	2.4	空间	2.5
学校	1.9	**学校**	2.1	**工作**	2.1	**朋友**	1.9	**朋友**	2.0	人	2.3	空气	1.1
朋友	1.8	**朋友**	2.0	**朋友**	2.0	**工作**	1.8	**休闲**	1.9	**文化**	1.8	**工作**	0.8
文化	1.7	密度	1.7	人	2.0	密度	1.7	密度	1.6	**工作**	1.3	**朋友**	0.7
密度	1.7	**休闲**	1.7	**文化**	1.4	**文化**	1.6	**文化**	1.4	**休闲**	1.2	**文化**	0.6
休闲	1.7	**文化**	1.4	密度	1.0	**休闲**	1.6	**工作**	1.3	密度	0.9	**休闲**	0.4

[a] 根据各家庭周期阶段进行校正（来自初始筹码分配的多重分类分析，包含了双向方差分析，其中“人口群组”和“家庭周期阶段”两个变量同时引入）；（每栏数值相加均约等于 25）。黑体字所示属性均与可达性相关。

表 3.9 各家庭周期阶段的居住环境优先事项排序（筹码分配平均值[a]）

有子女家庭（人数 =256）		无子女家庭（人数 =117）		老年家庭（人数 =102）	
安全	3.2	空气	3.6	安全	3.7
学校	3.1	安全	3.4	空气	3.4
空气	2.9	空间	2.7	人	3.2
空间	2.7	人	2.6	**购物**	2.8
人	2.4	**购物**	2.5	空间	2.8
购物	2.2	**工作**	2.2	**朋友**	2.6
工作	1.9	**朋友**	1.8	密度	1.7
朋友	1.8	**休闲**	1.8	**学校**	1.6
休闲	1.8	**文化**	1.7	**文化**	1.3
文化	1.5	密度	1.5	**休闲**	1.3
密度	1.5	**学校**	1.1	密度	0.6

[a] 根据人口群组进行校正（参见注释 9 说明）。黑体字所示属性均与可达性有关。（每栏数值相加均约等于 25。）

摘要与结论

本章阐述了住区公众感知的几个常见主题。在既没有预判相关问题，也没有依据规划人员和社会学家所谓的重要基础的情况下，开放式问题使我们厘清了这样几个问题，即在居住环境中，人们看重的是什么，拒绝的是什么，想要的又是什么？此外，这些开放式问题还提供了一个模式，用于思考替代性设计思想所必需的基础构成元素。结构性问题则对居住品质进行了初步概述和比较，为理解满意度、偏好和优先事项等提供了重要的背景信息。这些问题还为比较不同群组间的“保有状态”建立了基线标准，这一基线标准对于理解不同群组间的缺失感、盈余感和不公平感来说，都必不可少。

在人们的意识里，究竟是什么构成了居住生活和幸福感？我们的关注点之一，就是要确定上述问题的基本构成原则。考虑到过去的“专家们”或专业环境设计师们可能对这个问题有先入为主的预判，从而不知不觉地就把居住生活中某些重要的方面排除在考虑之外，因此，我们试图提炼出这些构成原则，为制定后续替代性方案作指导。通过回顾我们发现的几个常见主题（社会环境、犯罪与安全、空气质量、舒适性、便利性、外观、氛围以及服务等），我们发现了一些与原来邻里单位构想前提相悖之处。

例如我们发现，如同社会学家们一直坚持的那样，人们首先把住区设想成一个社会环境，其次才是一个实体设计。因此，一个人的邻居要比住区布局或住区中包含的设施更为令人关注。这一研究发现将是我们讨论住区的替代性构成理念时的一个重要考虑因素。因为它引出了社会政策与环境设计之间的相互关系问题。这两方面过去虽然一直都没有明确地联系起来，甚至在普遍认可的时候也是如此，但是新的设计理念却必须将二者紧密结合起来，哪怕这种联系只能借助实体设计才能实现也要如此。

我们还发现，犯罪与安全问题在居住生活中也同样重要。在邻里单位思想提出来的时候，这两方面都还无需担心，但到二十世纪后半叶，所有人都对这两个问题忧心忡忡。不过，这种忧虑的特殊之处都关系到生活在住区里的人的类型，而不是实体设计。实体设计对反社会行为或人与财产安全的犯罪行为可能只起到助长或阻碍的作用（Newman，1972）。

受访者对空气质量表现出较多关注，这虽然也折射出洛杉矶地区的一个特有问题，但同样与前两个问题类似，因为这些问题的解决方案，都超出了仅专注于大型城区各个组成部分的设计理念所能控制的范围。社会的聚居模式同社交行为一样，是由传统的邻里设计师们不可抗拒的力量形成的，原本就属于城市和国家层面，而且取决于城市范围和全国范围的政策控制。要解决空气质量这个难题，在很大程度上需要的是区域性和国家性政策，而不是住区政策。因此，任何新的设计思想都必须充分认识到这些问题的重要性。

接下来的四个主题——舒适性、便利性、外观和氛围——恰恰都是邻里单位表现出来的问题。这里我们发现，人们自我表达的方式，差不多就是环境设计人员在提供居住设计方案时所设想的方式。我们的研究成果基本上属于这几个常规方面的完善和调整。

最后一项，即住区作为服务渠道，着眼于提供居住福祉的一个不同侧面。邻里单位思想虽然同所有的其他设计理念一样，在很大程度上也是以提供资产改良为导向，但是，只要资产改良落实到位，那么服务方面就牵扯到经营预算和维护与服务的水平问题。对运营和维护方面的担忧表明，任何设计理念都应该考虑到，长期运营要不需要多余的高昂运行成本。简而言之，构想设计理念，应该不仅仅是为了获得较高的初始正面效应，还要使这种效应能够以合理的成本、在整个产品的生命周期内都能够持续地产生。

我们还要顺便补充一点，这些采访中有两个论题没有表现出特别的显著性，这使我们感到非常惊奇。考虑到 20 世纪 70 年代中后期正是南加利福尼亚州南部房地产市场蓬勃发展的时期，我们当时曾预测居住环境方面的投资因素会受到足够重视，至少会受到高中收入受访人群的重视，但是采访中却没有人提到这一点。不过，1976 年有人对休斯敦（Houston）、代顿（Dayton）和罗切斯特（Rochester）等地都市区域推进的邻里环境进行了研究，根据这项研究，地位较高的人们对这个问题却比较看重，他们寻找的似乎就是这样的邻里——“你能够期待以增值的价格再转手卖掉”（Coleman，1978）[10]。有没有可能在20世纪70年代的早期到中期，这个问题在南加利福尼亚州南部地区人们的心目中还不那么重要？或者，这些论题间接反映出来的投资价值观念变得更加明确了？同样，在我们的研究中，人们也没有特别强调公立学校质量问题，尽管当时正是学校废除种族隔离的争议时期，而在科尔曼的研究中，良好的公立学校和靠近社区的私立名校，都是较高地位的人们所关心的事情。根据这项研究，中等收入者也强调公立学校的质量。然而在我们的采访中，这一点没有以任何明显的方式表现出来。这的确是我们的研究结果中令人困惑之处。

考虑到对这些基本居住问题的影响，我们转过来回顾一下不同群组表达出来的偏好和基本保有状态。举例来说，我们发现高收入人群充满了满足感，他们能够负担得起基本的居住品质要求：偏爱的社会环境、清新的空气、人身与财产相对安全，还有舒适性设施和服务都齐全完备的良好的实体空间。我们注意到，中等收入群组的满意度具有不确定性，他们的居所虽然不是最理想之处，但大多数方面还算令人满意。我们还了解到，低收入群组则充满了恐惧和焦虑，他们的住区相比之下最糟糕，如果按照大多数居住选择标准来看，通常都不尽如人意。这些都是从受访者的住区描述过程中得来的印象，与他们对住区的五分制综合**评价**高度一致，如表3.10所示。该表使前面多个表格和文本中所呈现的调查结果更为突出，并且指出了不同群组所感受到的各自居住环境中的不足之处。前面我们注意到，一旦把收入标准作为约束条件，那么各不同种族群组间的差异性通常就不那么显著。不过，低收入黑人群组的生活条件似乎最为恶劣。虽然穷人总体上也有十分有限的居住选择范围，但是对于贫穷的黑人来说，这种选择性似乎根本不存在。此外，我们还发现，在特定的收入群组和族裔群组内，不同家庭周期阶段在现有基准品质上的各种差异性都非常小；现存的这些微小差异性也只是因为生活方式差异所造成的各不相同的预期和评价标准。

表 3.10 各人口群组对住区的总体评价

人口群组	受访者对住区整体看法的百分比（%）					
	优秀	良好	一般	还行	很差	人数
较高收入白人	85.9	11.8	2.4	—	—	85
中等收入白人	32.5	46.3	16.3	1.3	3.8	80
中等收入西班牙裔人	15.3	55.9	25.4	2.4	—	59
中等收入黑人	12.8	46.5	27.9	12.8	—	86
较低收入白人	4.5	21.6	44.3	17.0	12.5	88
较低收入西班牙裔人	14.5	29.1	32.7	16.4	7.3	55
较低收入黑人	4.5	9.1	4.5	40.9	40.9	22

采用独立指标的居住品质基准列表也表明，不同人口群组的关注点和优先事项在一定程度上有所不同（表 3.11）。因此，该表有助于为不同人口群组确定相应的住区问题。

该表还有助于进一步明确那些需要在城市或大都市层面上做出公共政策回应的问题，比如噪声、私密性和密度等问题，可以通过地方层级的具体设计对策来加以缓解。而诸如烟尘、安全性和维护服务等问题，可以有地方性的实体设计对策，但还必须辅以城市范围的策略予以补充完善，这些策略可以扩展到任何一个住区边界之外。换句话说，社会关系和环境方面的问题，通常都完全超出了地方性实体规划的范围之外，只能利用城市或都市范围的政策，借助再开发、邻里保护和包容性区划要求等手段，把各社会群体融合起来，才能解决这些问题。

表 3.11 大多数受访者都不太满意的居住品质方面（根据各组提及频次排序）

较高收入 白人 （人数 =85）	中等收入 白人 （人数 =80）	中等收入 西班牙裔人 （人数 =59）	中等收入 黑人 （人数 =86）	较低收入 白人 （人数 =88）	较低收入 西班牙裔人 （人数 =55）	较低收入 黑人 （人数 =22）
无	烟尘	烟尘	烟尘	拥挤	烟尘	不安全
	拥挤	拥挤	拥挤	烟尘	拥挤	烟尘
	噪声	噪声		缺乏私密性	缺乏私密性	缺乏私密性
				丑陋	丑陋	脏
				被忽视	非个性化	噪声
				脏	不喜欢的人	丑陋
				非个性化		非个性化
				不喜欢的人		拥挤
				不安全		不喜欢的人
						不便利
						缺少居住空间

另外，每个群组所拥有的居住舒适性基准状态，有助于我们充分认识居住感受的差异性，后面章节将对此加以阐述。理解这些差异性，对于思考如何以适当的政策来回应居住持有状态的不平等性极为重要。例如，原有的《邻里规划》标准和要求所针对的，都是居住质量的绝对概念，但是我们将看到，许多受访者考虑的，却是如何对已有居住品质进行边际化改善。此外，当前保有现状的这些差异性，还反映了两种未来发展设计策略间的差异性：那些具有补偿性质的设计策略，就会给相比之下目前还处于缺失状态的住宅环境带来补偿性改善；而那些回应的是消费选择而不是收入或者社会不公平性的设计策略，就会提出政策和设计上的措施，来均衡当前居住环境的现有属性。简而言之，这些调查结果提出的都是整体性政策问题，即要针对不同群体采取不均等的对策，从而纠正或缓解当前的种种不公平性。

这些政策和设计问题将在本书结尾继续讨论，但是首先，我们必须考虑居住感受和偏好的其他几个方面。在下一章，我们要转向一个不同的维度，来呈现受访者对居住舒适性的感受和偏好。我们在这部分要研究人们对自己住区的意象是什么，以及不同区位的集体意象中最突出的元素有哪些。

注释

1 这三个群组大致包含了该区域总人口数的90%。

2 家庭周期阶段由初始阶段筛选出来的采访对象决定。最初的抽样方案要求有年幼子女的家庭为一组，有年长子女的家庭为另一组，但是，由于有年长子女的家庭基本上很难找到，于是修改了抽样方案。因此，这两个群组就都包含在此处显示的同一个类别里。

3 到1972年5月，完成了244个采访，就在这个时候，公共卫生服务署削减了此类研究的拨款。该机构曾在项目的第一阶段提供资金资助。后来，在美国国立精神卫生研究所的资助下，我们于1974年春天完成了另外231个采访。在第二阶段采访期间，还开展了对低收入西班牙裔人和低收入黑人群组的采访。参见附录B的表A2。

4 尽管我们为占用时间向这两个低收入群组的成员支付了每人10美元的酬劳，然而，让他们接受采访还是非常困难，因此，我们在这两个群组采用了简略采访计划表（参见附录A）进行采访（删掉内容均与本书论述问题无关）。由于寻找低收入西班牙裔的老年受访者也非常困难，因此有一些采访是在马拉维利亚公共住房项目（the Maravilla Public Housing Project）中进行的。

5 通过审视1970年初步人口普查申报表和评估人地图（房产价值用作收入指标），并经过与熟悉都市区域的人讨论，我们先暂时拟出选址位置，然后才选定了上述这些住区。在初步确认之后，我们展开现场调查，去掉了那些基本上不算住区的区域。

6 地址目录是从南加利福尼亚大学公共管理学院的公共系统研究所（the Public

Systems Research Institute of the School）获得的。

7 在最初联系过的家庭中，大约有 30% 的家庭是合适的，可以做进一步调研。在这 30%的家庭中，有 65%的家庭同意参加采访。遇到的主要问题有：（1）在推测属于中等收入的西班牙裔人住区时，常常会发现种族搞“错”了；（2）在中等收入的白人住区，白天家里一个人也没有；（3）在低收入白人和中等收入黑人住区，潜在的采访对象都拒绝参与。其他常见问题还包括“收入过高”和“初次接触即遭拒绝”等。

8 我们得到的忠告是：不论样本计划如何，调查手段的时间长短以及受访者完成采访需要具有的合作程度和感兴趣程度，都意味着我们最终的采访绝不会完全随机选择。弗吉尼亚·A·克拉克博士是洛杉矶加利福尼亚大学公共健康学院的生物统计学教授，她在协助我们制定抽样方案中给予了宝贵的支持。

9 参见附录A。为了简化数据，我们把七分制量化表缩减为二分制形式，例如，其中的“非常期待”“期待”和“有点期待”被归为一类，而“既不期待也不不期待”“有点不期待”“不期待”以及“非常不期待”，都被归为另一类。因此，假设中性回答就是为了表示至少有点积极的反馈要跨越的阈值。这一假设适用于本章和本书其他章节中采用类似方法的所有其他数据显示形式。

10 1970 年人口普查数据是我们选择采访区域的依据。根据这个数据，除中等收入黑人和西班牙裔人住区外的所有区域，都被认为在种族混合方面相当地“同质化”。到 1974—1975 年我们进行第二阶段采访时为止，从实地考察可以明显看到，一些低收入白人住区正变成西班牙裔人群的聚居区。因此，这些回答反映的种族融合情况虽然可能有点夸大，但并非完全不准确。

11 来自双向方差分析，“人口类型”和“家庭周期阶段”这两个因素同时引入其中。

12 三个家庭周期阶段在这两个量值上的校正均值差异明显反映出这种态度。虽然家庭周期阶段并不是“贫 - 富”和“地位高 - 低”的量化打分的重要因素，但是人口类型和家庭周期阶段之间的双向交互作用却具有统计学意义上的显著性。按照人口类型和家庭周期阶段进行的均值细目列表显示，这两个量值的交互作用模式具有一致性。在这两种情况下，中高收入老年群组表现出比他群组更为消极的评价结果，而低收入老年群组的评价则比其对应的低收入群组要稍微积极一些。也就是说，互动模式如下图所示：

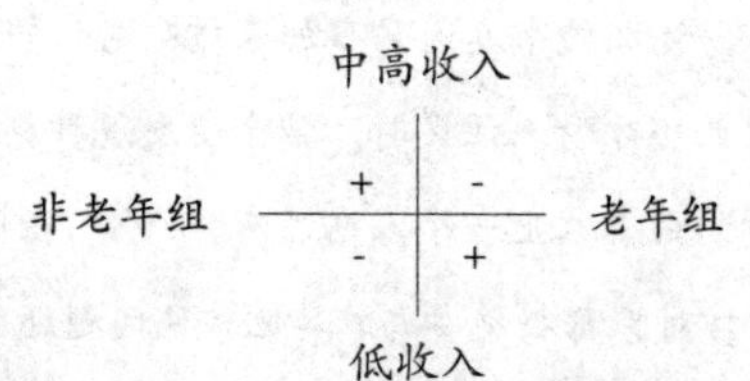

13 不过，在人口类型和各家庭周期阶段之间存在着显著的相互影响。根据人口类型和家庭周期阶段进行的均值细目列表（采用原来未分解的7分制量化表）显示出的相互作用模式，与注释12中报告的模式相似。也就是说，中高收入群组中的老年子群组在评价自己的住区时，往往比同一收入阶层的另两个阶段群组的受访者要更为消极。然而，与其相应的低收入群组在评价环境时，则往往比其他的低收入家庭周期子群组要更积极些。也许中高收入的老年人尽管认为自己的住区要比低收入住区总体来说更安全，但是却认为自己本身更容易受到伤害，而与他们对应的低收入群组却由于所拥有的物质财产如此之少的缘故，反而感觉没那么容易受到犯罪的攻击。

14 与注释13相比较。

15 另外，我们发现互动效应在下面几种情况下非常显著："舒适-不舒适"、"美-丑"和"被忽视-被照顾"等。人口类型和各家庭周期阶段的未校正均值细目列表表明，人口类型和各家庭周期阶段之间的关系非常类似，如注释13所述，只不过互动模式没有前项那么清晰而已。

16 参见附录A所示调查问卷中的问题13"交换游戏"。

17 也来自调查问卷的同一节（参见注释13）。

4 住区与邻里

意象与价值观念

前一章重点讨论了受访者以语言描述的形式所反馈出来的居住环境概念，以及他们对居住环境的评价与偏好。语言描述的表达方法虽然适于叙述和评价事物的许多方面，但是在表述空间物体关系时却不那么有效。而这样的空间关系却是所有环境设计理念的核心。为了探索居住环境的这些方面，本章通过探究人们的住区意象，来重点讨论居住环境的物理-空间特征。受访者按照要求绘制了各自住区的地图，住区意象就反映在这些地图上。

这样的认知地图有几个作用。认知地图使我们得以深入理解人们以往形成住区概念的基本理念。就像邻里单位概念需要从词语和地图两个方面加以说明一样，我们也需要这两种表达模式，来描述和刻画那些基本构成理念。另外，认知地图有助于探究“住区”和“邻里”之间的关系，这两个术语在人们的意识里分别引发了不同的理念。最后，认知地图为审视居民对“邻里”居住重要性的看法提供了语境背景。简而言之，这些认知为上一章探讨过的几个主题提供了必要的补充。

同语言反馈一样，居民们绘制出来的地图也多种多样，反映了许多不同的“构成”风格（Appleyard，1969；1976）和概念化过程。

有的地图简略而抽象，有的则详尽而形象。有的地图对路网做了精确的图示表达，有的只强调了空间中与受访者个人相关的那些场所和地点，缺少准确性和比例关系。

这些地图在内容和范围上也各不相同。来看几个例子：一位威尼斯居民只画了一个道路交叉口（图 4.1）；一位锡蒂特雷斯居民只画了一个街区（图 4.2）；一位帕洛斯弗迪斯居民画出了整个半岛（图 4.3）；而一位贝莱尔居民则描绘了整个城区部分，从洛杉矶西边一直延伸到市中心——所绘区域之大，足以构成一个中等规模的城市（图 4.4）。

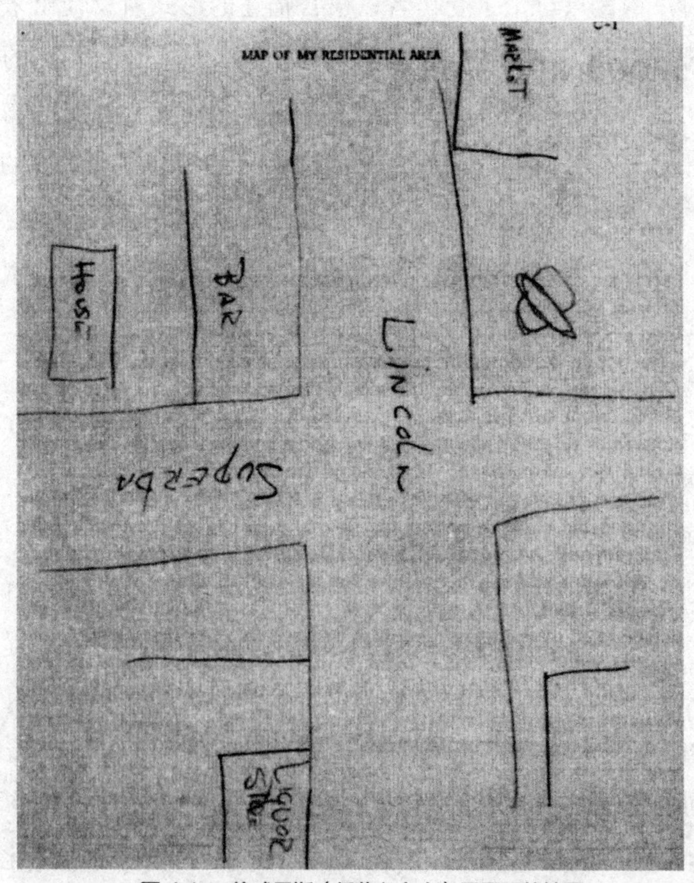

图 4.1 一位威尼斯（低收入白人）居民画的地图

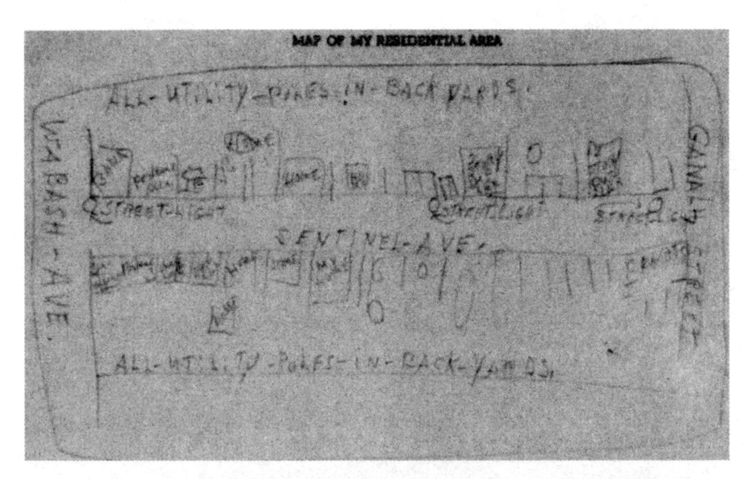

图 4.2 一位锡蒂特雷斯（低收入西班牙裔人）居民画的地图

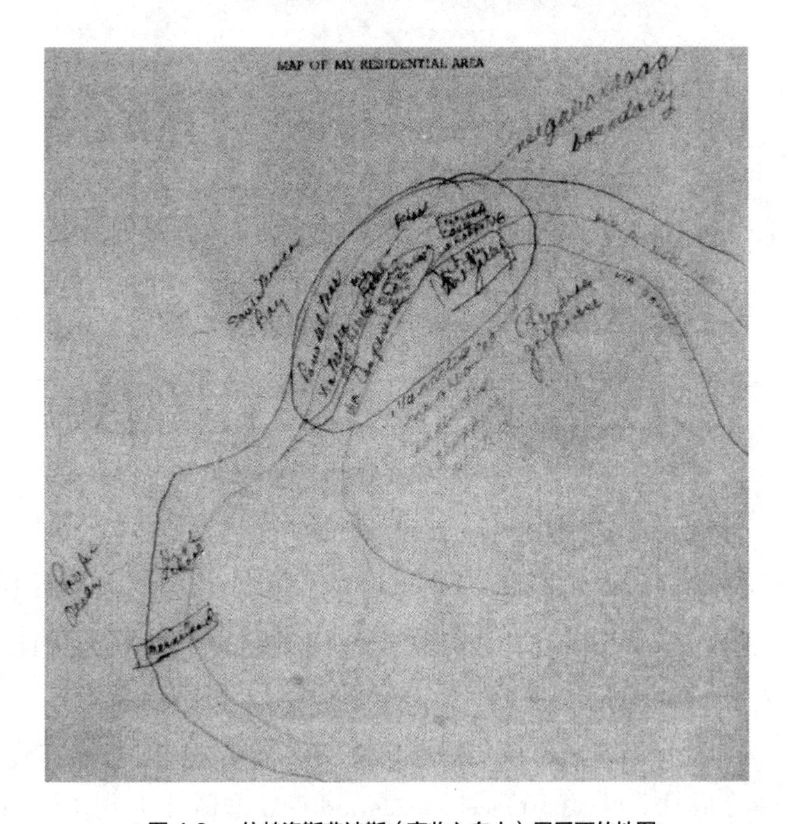

图 4.3 一位帕洛斯弗迪斯（高收入白人）居民画的地图

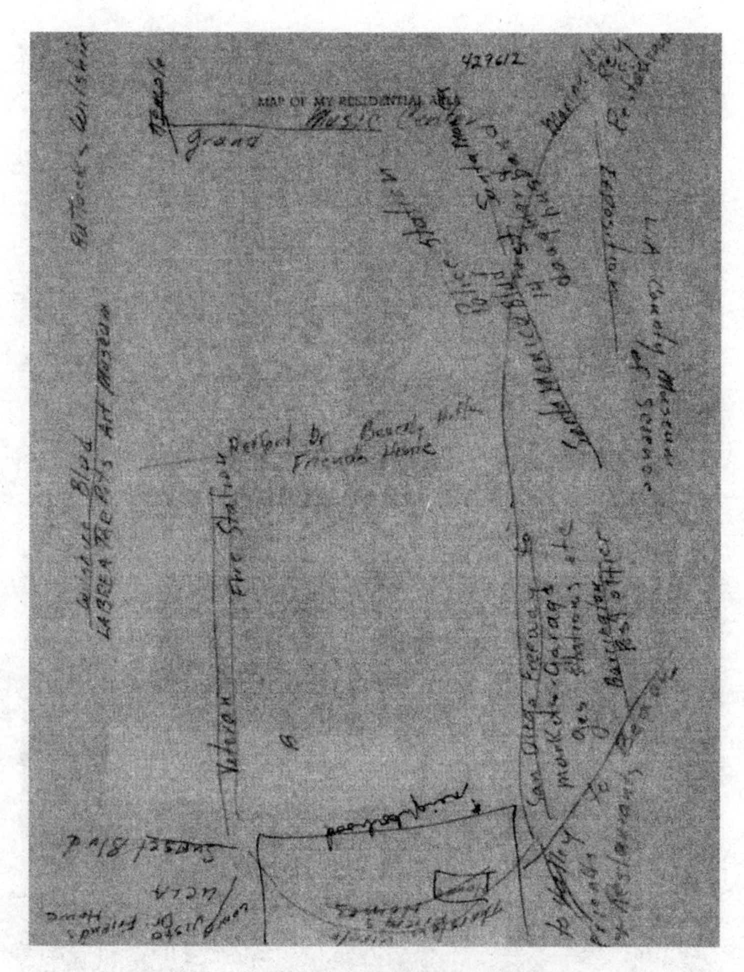

图 4.4 一位贝莱尔（高收入白人）居民画的地图

为什么差别会这么大？为什么在细节、图案、风格和内容上存在如此巨大的差异？这些地图似乎说明了住区理念在社会方面和心理方面的不同理论构想。

例如，仔细看一下威尼斯居民画的这张地图（图 4.1）。图中表示的是林肯大道（Lincoln Boulevard）与思佩博大街（Superba

Avenue）的交叉口，林肯大道是西洛杉矶的主干道，思佩博大街是当地的一条横街。这位居民对于自己住区的全部认识，就是大都市里的一个道路交叉口。为什么会这样呢？根据现有理论观点，可能做出下面几种解释。有人（Horton and Reynolds，1971；Buttimer，1972）认为，相关物理环境的认知地图，是由我们的活动和行为受到限制的那个空间形成的。根据这一观点，林肯大道和思佩博大街的交叉口，可能就代表了一个极其有限的“行为空间”[1]，暗示了地图绘制者有某种身体残疾，或者丧失了某种与年龄相关的能力。还有一种可能是，此人可能的确归属于某种“非场所”领域，就像韦伯（Webber，1964）曾经讨论过的那样[2]。如果真是这样，那么对于此人来说，相应的临近场所就毫无意义：他只需要那个最近的道路交叉口，就可以识别自己居住之所了！对于他而言，那个交叉口只是“非场所”领域中的一个参考坐标，而不是一个居住空间标志。

画一个街块（或一些街块）来表示自己住区的人，可能又传递出另一种观点(如图4.2)。在这幅地图中，住区意象反映的是“面－块”式社区，萨特尔斯（Suttles，1973）曾详细讨论过“面－块”式社区。“面－块”式社区感来自于熟悉感、点头之交以及睦邻互动。很可能这里的空间意象就是由这种社区感塑造出来的。如同这些地图所反映的一样，住区就是一个由邻近关系和社交接触限定出来的空间。

无论是以公寓大楼来表示自己住区（图4.5）的人，还是在住区地图上画出严密边界(图4.6)的人，他们正在传达的，可能是一种“防御性邻里”的感觉。“防御性邻里”也是萨特尔斯（Suttles，1973）用过的术语。一个防御性邻里的意象，就是领域限定清楚、框架清晰、周界完备的场所。边界在这种模式中极为重要，清晰而明确，把一个人的住区从其余部分中分隔开来。这样，住区的起始范围就清晰

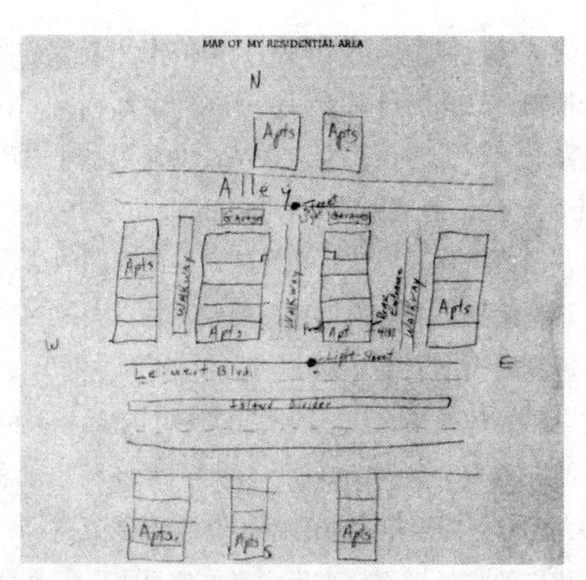

图 4.5 以一栋公寓楼表示住区的地图——一位克伦肖（中等收入黑人）居民绘制

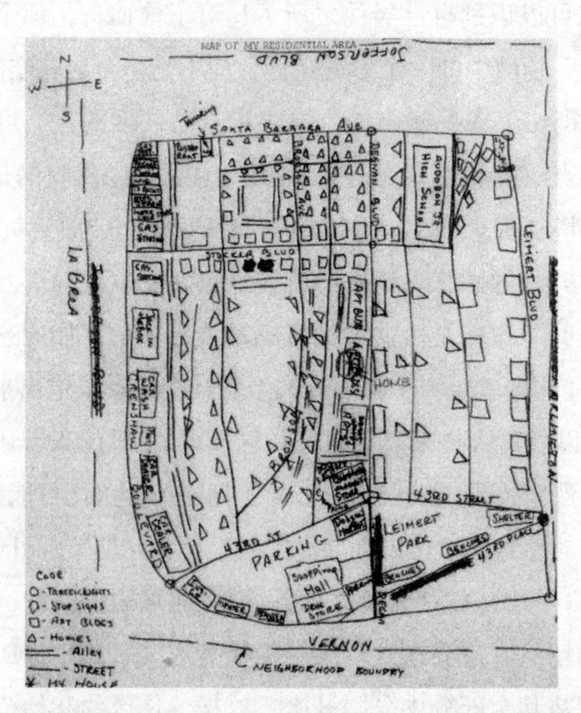

图 4.6 一个“防御性邻里”？——一位克伦肖（中等收入黑人）居民绘制的地图

明了，毫无歧义。

此外，我们还发现，有一些地图只是零散地罗列了一些地点、场所和标志物，再以局部画出来的路网串连起来（图 4.7）。这些地图似乎反映了与居住有关的“行为圈”（Barker，1968；Perin，1970），即日常活动的轨迹和场所，构成了人们最临近的居住范围。

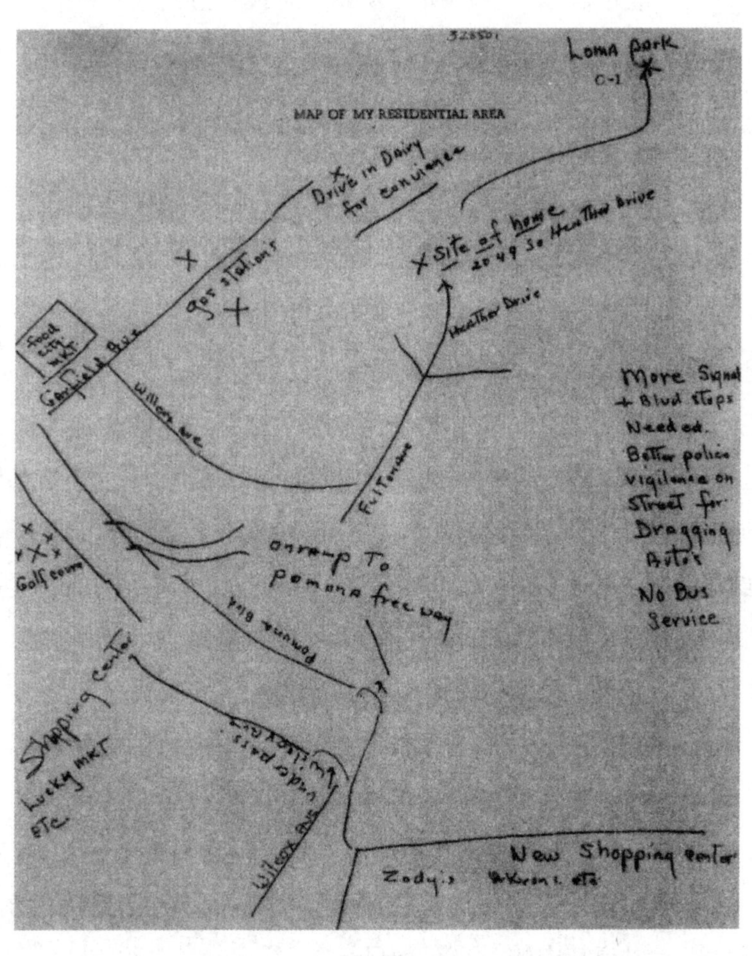

图 4.7 一位蒙特利帕克（中等收入西班牙裔人）居民的认知地图

我们还发现有这样的地图，图面上仅仅以图形表示了受访者的居住位置（图 4.8）。这样的地图通常都表示了街道网络，间或有各处的突出标志物。通常都没有边界，也没有中心。这些地图反映出绘图者对街道网络有确切认识，但对住区的起始范围好像并不确定，充其量只传达了一种“家区”[3]的理念，仅此而已。这样的地图既没有表现出边界认同感，也没有表现出“领属”感。绘制这些地图的受访者很可能也属于“非场所”领域，对最临近的居住环境缺少任何真正意义上的归属感。或者，这些地图也可能反映的是陌生人正在形成中的住区意象，即他已经了解了环境的空间结构，但还没有把自己的个人意义和价值观赋予那个空间（Lynch，1960）。

对住区地图进行这样的分类是不够准确的，因为各类别并非互不兼容。大量地图都呈现出不止一种类型的特征；另外还有一些地图又根本无法进行归类。我们之所以要这样分类，是为了指导如何来思考这些地图及其可能表达出来的意义。

总之，我们发现，在要求人们绘制自己所在住区的地图时，他们呈现出了许多不同的空间概念。有的住区只表示为一个交叉路口，有的则表示为一个城市街区立面、一整块或者一系列的街区。有一些地图边界划分清楚、限定明确；有一些又表示为零散罗列的地点、场所和标志物，局部画出来的街道系统把这些地点、场所和标志物串联起来，住区的起始范围却几乎无从知道。

体现在邻里单位中的住区都是系统化、层级化的居住环境，有清晰的边界划分，还有围绕着某种中央核心般的公共设施而产生的内向聚拢感。而在认知地图中，却很少见到以这种形式描绘的住区。设计人员高度理性化构思而来的那些显著特征，在大多数人的意识里都只能认识到其中的一部分而已。

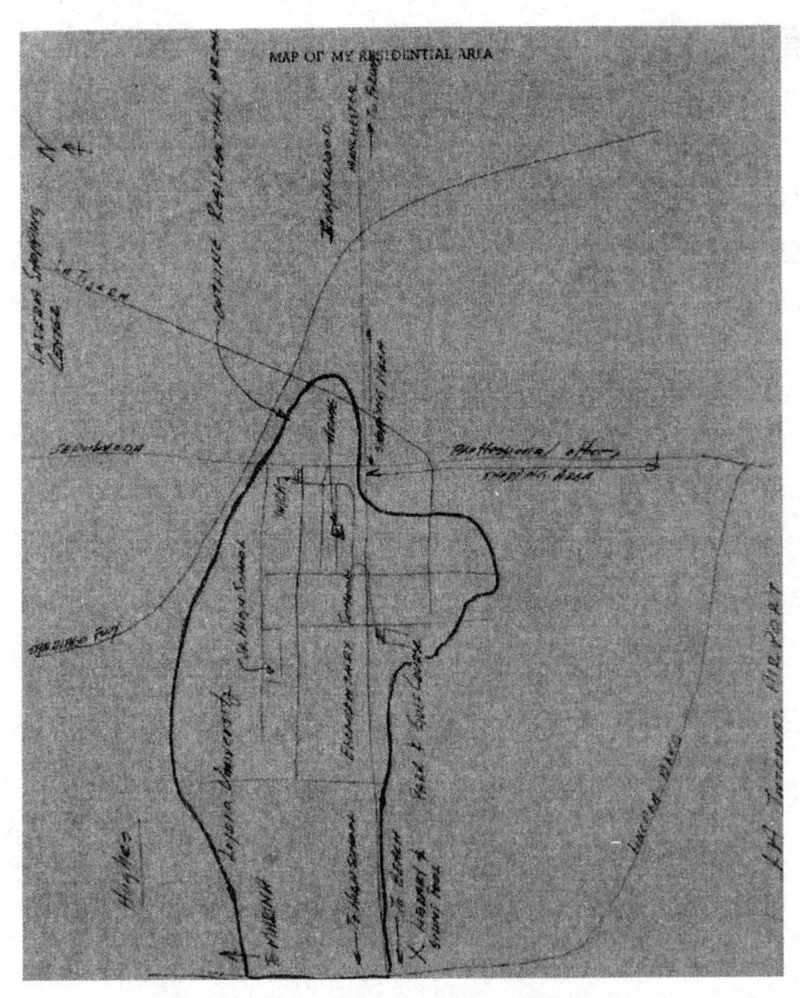

图 4.8 一位韦斯切斯特（中等收入白人）居民的认知地图

集体意象

再来看看二十二个场地的“集体意象”[4]，我们发现汽车的使用已经不可避免，甚至已经对洛杉矶的城市形态产生了很大影响。在这些住区的集体意象中，街道、公路以及高速公路等都是突出的组成元素。其中，受访者最频繁提及的就是城市干道。这些交通廊道

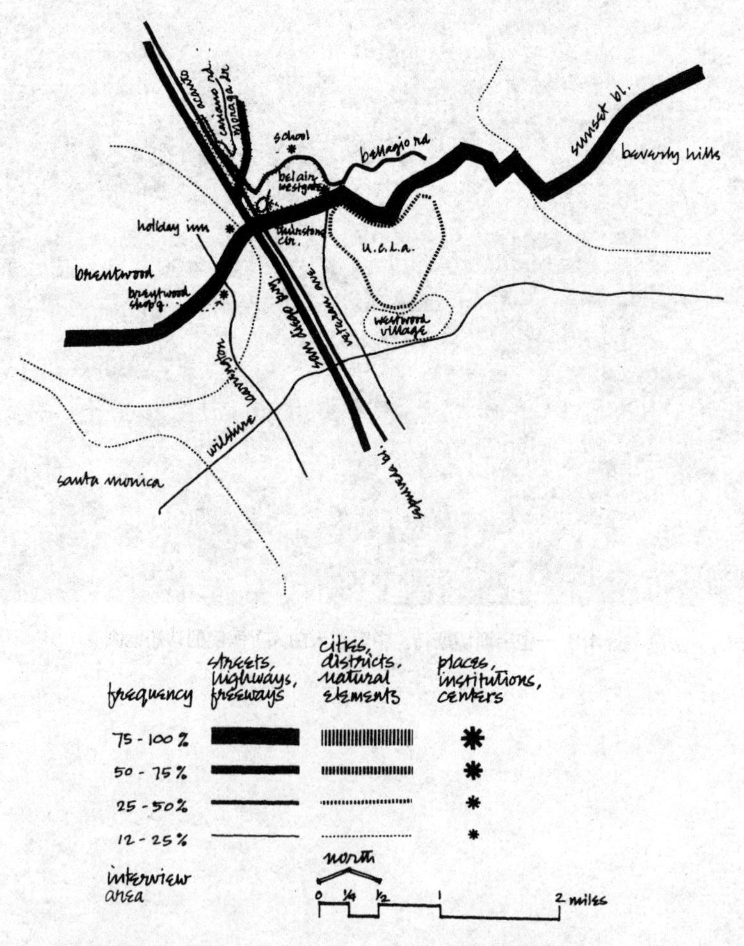

图 4.9 集体意象——贝莱尔（高收入白人）。注：图例也适用于图 4.10~ 图 4.30

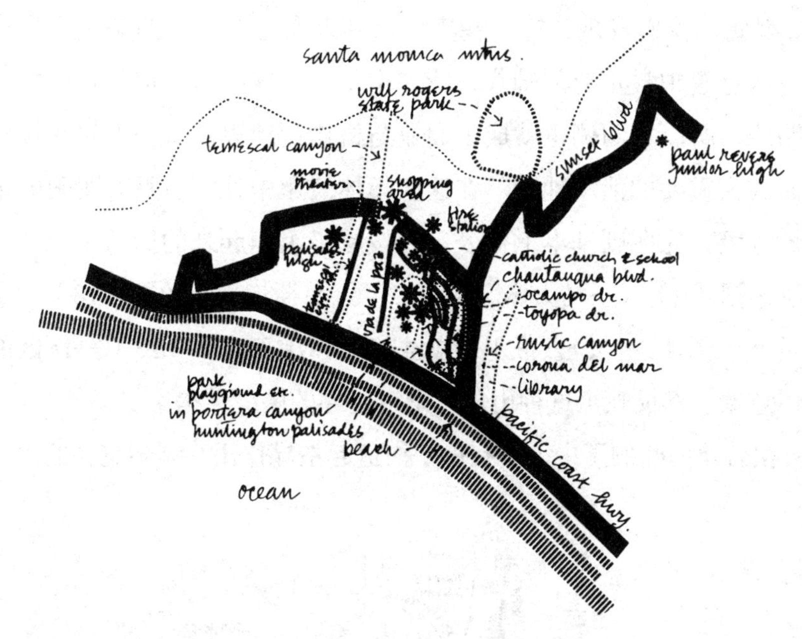

图 4.10　集体意象——太平洋帕利塞德（高收入白人）

采用了杰斐逊网格系统（the Jeffersonian grid system）形式，以极度高效的交通工程标准建成，看起来绵延不断，以四分之一或二分之一英里的间隔镶嵌在都市区域上。其中有许多廊道已经发展成为“带状商业区”，而且，这种做法虽然并非洛杉矶地区独有，但其对洛杉矶地区的主导作用却一直都是城市美学的批评家们嘲笑和鄙视的对象。不过，在洛杉矶受访者的集体认知地图中，这些廊道看起来起到了重要作用。在广袤的、恣意生长的都市空间中，这些交通干道都是主要的参照框架，也是重要的空间定位依据。

当然，在受访者的意识里，无处不在的街道系统以不同的方式组成，但是这些组成方式上的差别，似乎来源于各个区域在实体布局上的不同，而不是来源于按照收入、种族或者家庭周期阶段分组后的群组间的区别。

因此，我们发现，在一些集体认知地图上，有一两条主干道成为住区意象中最重要的轴线，或“主干”。这些道路都是重要的出行路线，所以其两侧也就成了商业与机构用地以及服务的聚集地，从而成为重要的活动地带。在这些集体意象中，街道具有明确的重要性等级，住区则基本上被表示为按层级组织起来的街道系统。贝莱尔（图 4.9）、圣马力诺（图 4.12）、韦斯切斯特（图 4.18）、蒙特贝洛（图 4.19）、惠蒂尔（图 4.21）和沃茨（图 4.23）等住区的集体意象，都反映了这种由单一干道主导的层级结构。

在另外一些例子中，没有单一街道起主导作用，许多重要的出行

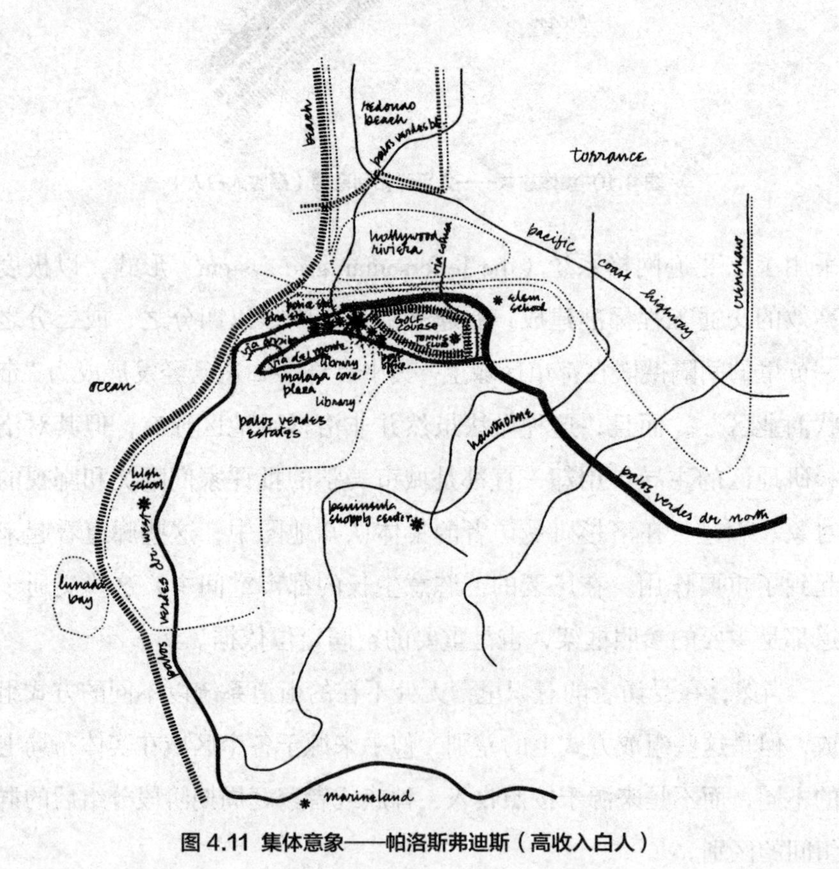

图 4.11 集体意象——帕洛斯弗迪斯（高收入白人）

路线的提及频率是相同的。这样，住区意象就成为非层级结构理念下的街道和公路之“网”。具有这种集体意象的一些重要实例有：坦普尔城（图 4.16）、范奈斯（图 4.17）、鲍德温帕克（图 4.24）和博伊尔高地（图 4.28）等。

所有这些集体地图都没有显示出强烈的边界限定感。只有场地位于海岸或山附近时，自然景观元素才成为明显的住区边界。在太平洋帕利塞德（图 4.10）和帕洛斯弗迪斯（图 4.11）居民的集体意象中，海岸线就是明显的边界。在蒙特利帕克（图 4.20）居民的集体意象里，蒙特利山作为次要边界出现，在太平洋帕利塞德（图 4.10）

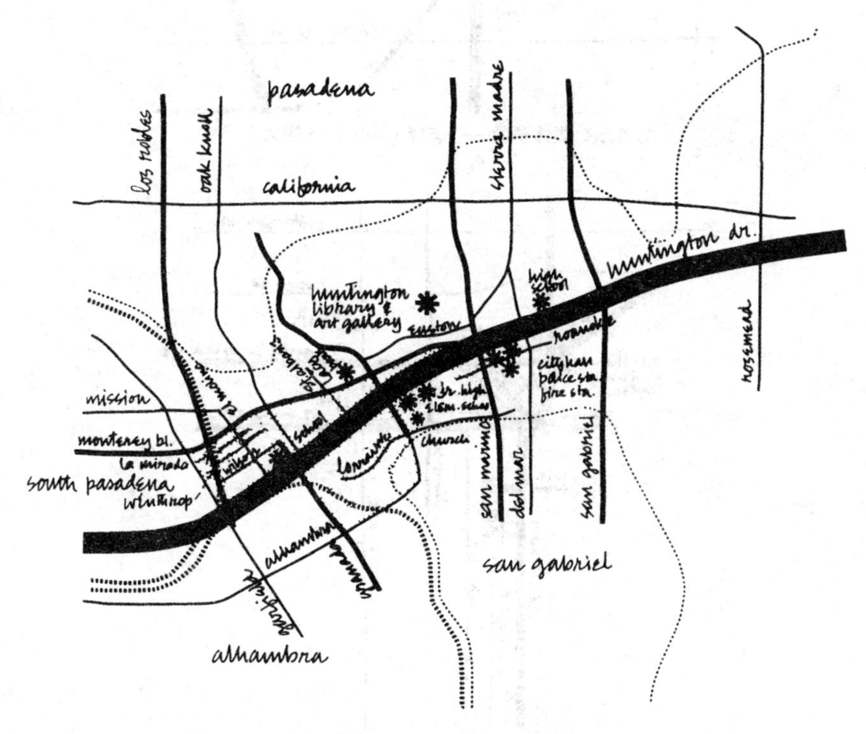

图 4.12 集体意象——圣马力诺（高收入白人）

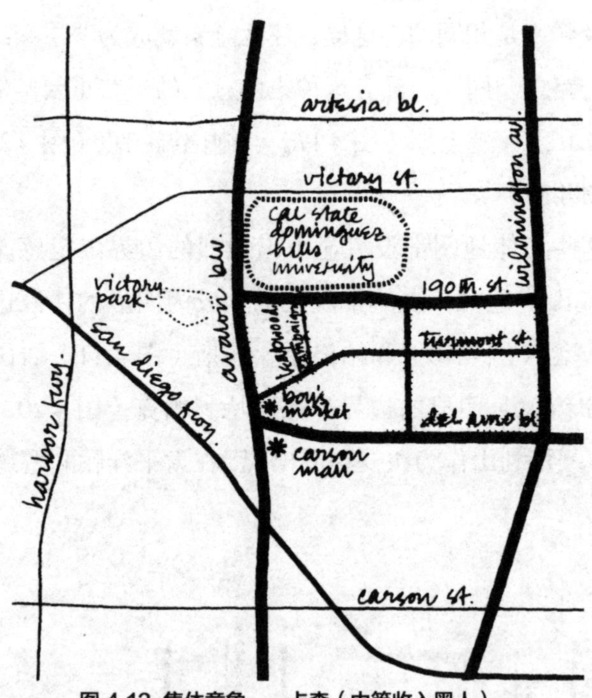

图 4.13 集体意象——卡森（中等收入黑人）

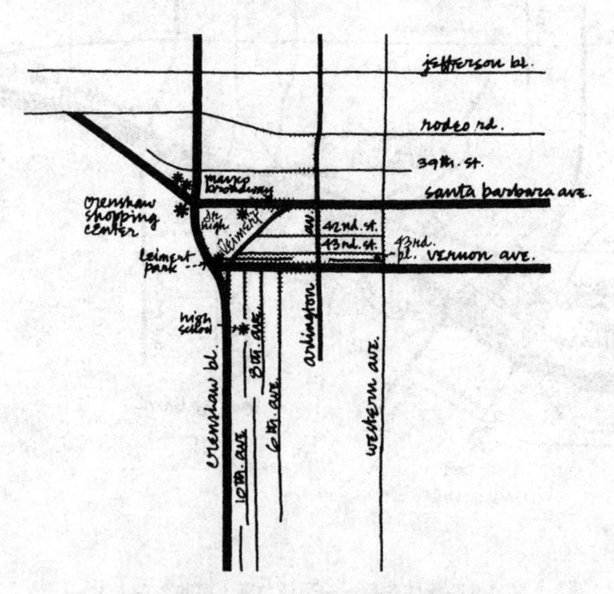

图 4.14 集体意象——克伦肖（中等收入黑人）

和贝莱尔(图4.9)的居民意象中,圣莫妮卡山也是如此。圣盖博河——完全为预防洪水而修建的防控措施——在东长滩居民的集体意象(图4.15)中也起到了类似的作用。

这些集体意象都极少有突出的“核心”感或中心感。在帕洛斯弗迪斯(图4.11)和太平洋帕利塞德(图4.10)这两个住区的认知地图中,只轻微地暗示出这样的中心点,在韦斯切斯特(图4.18)和圣马力诺(图4.12)的认知地图上,这种暗示更不明显。通常情况下,这样的焦点都是由一组相互临近的重要公共建筑、空场地和商业机构等组成。

其他一些地图上还出现了次要节点,不过常常都是主要干道的交叉口。例如,道路交叉口的四个夹角处各有一个加油站,就形成一个典型的次要节点,常常还伴有一组超市、快餐店、药店、洗衣店、酒类专卖店等。在认知地图上最常见到这些次要节点的住区包括:范奈斯(图4.17)、坦普尔城(图4.16)和韦斯切斯特(图4.18)等。在其他地方,社区商业区也起到重要节点作用,并且包括其他形式的民用和公共设施。在集体意象中这样的元素占主导地位的住区有:太平洋帕利塞德(图4.10)、帕洛斯弗迪斯(图4.11)、圣马力诺(图4.12)、克伦肖(图4.14)、坦普尔城(图4.16)以及韦斯切斯特(图4.18)等。在其他住区环境里,大型区域购物中心则作为重要的活动节点出现。因此,帕洛斯弗迪斯的半岛购物中心(the Peninsula shopping center,图4.11)、东长滩的洛斯阿尔托斯购物中心(the Los Altos shopping center,图4.15)、卡森的卡森购物中心(Carson Mall,图4.13)、克伦肖的克伦肖购物中心(the Crenshaw shopping center,图4.14)、蒙特贝洛的蒙特贝洛沃尔玛(Montebello Mart,图4.19),以及蒙特利帕克的大西洋广场购物中心(the Atlantic Square shopping center,图4.20)等,这些全都起到了重要节点的作用。

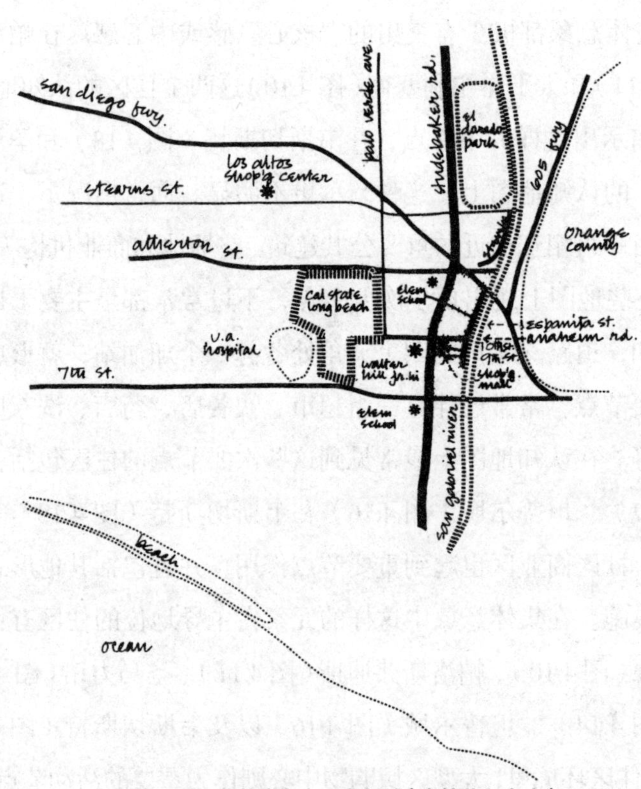

图 4.15 集体意象——东长滩（中等收入白人）

这些购物中心规模庞大，所以也是城市景观中的重要地标。在视觉意义上，这些购物中心看起来要远远超过诸如学校、消防站、图书馆、警察局和市政厅等公共设施。不过，上述公共设施也具有次级地标的作用。公园和游乐场也具有类似作用。大型公共机构，如社区学院、大学或医院等，在住区集体意象中偶尔也作为重要的参照点出现。

有一些住区地图还以那种既好认又著名的“行政区”作为临时参照点，如韦斯特伍德村（Westwood Village，在贝莱尔的认知地图上，图 4.9）、亨廷顿帕利塞德（Huntington Palisades，在太平洋帕利塞德

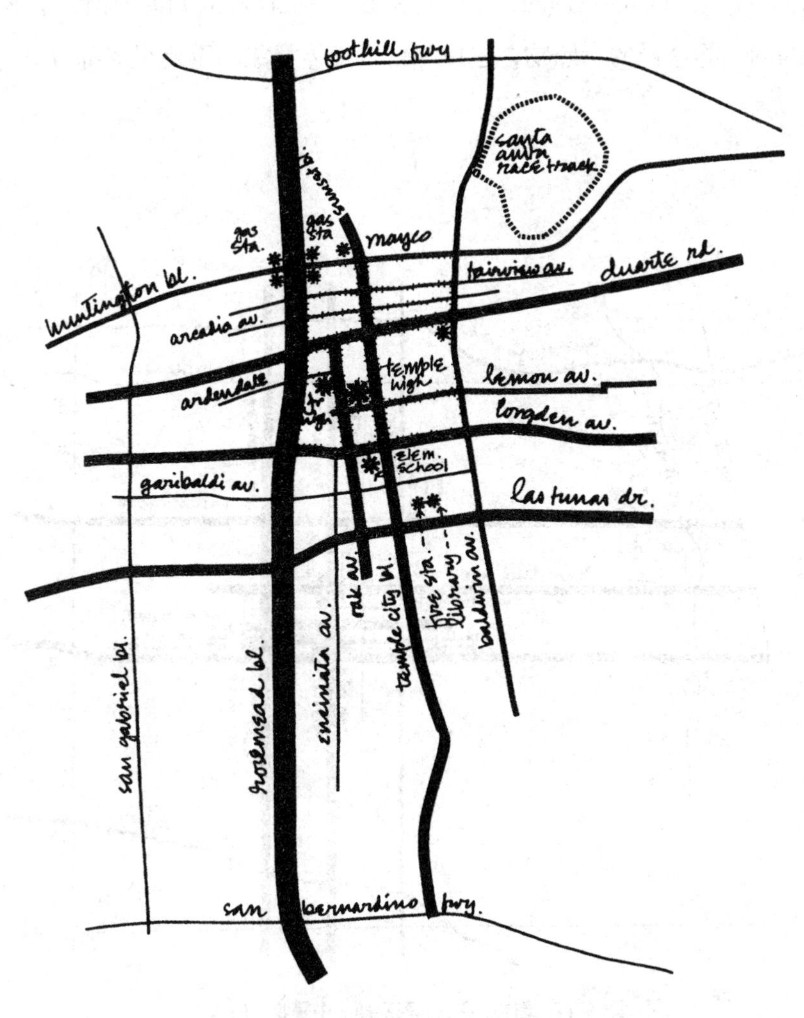

图 4.16 集体意象——坦普尔城（中等收入白人）

的认知地图上，图 4.10）、好莱坞海滨（Hollywood Riviera，在帕洛斯弗迪斯的认知地图上，图 4.11）和玛丽安德尔湾（Marina del Rey）和洛杉矶国际机场（Los Angeles International Airport，在韦斯切斯特的认知地图上，图 4.18）。如果把政治管辖权也算作符号的话，那么毗邻的政治管辖权往往也为认知地图提供了容易辨认的参照框架。因此，像奥兰治县（Orange County）、贝弗利山（Beverly Hills）和圣加百利（San Gabriel）等这样的参照物，也成为住区集体意象的重要组成部分。

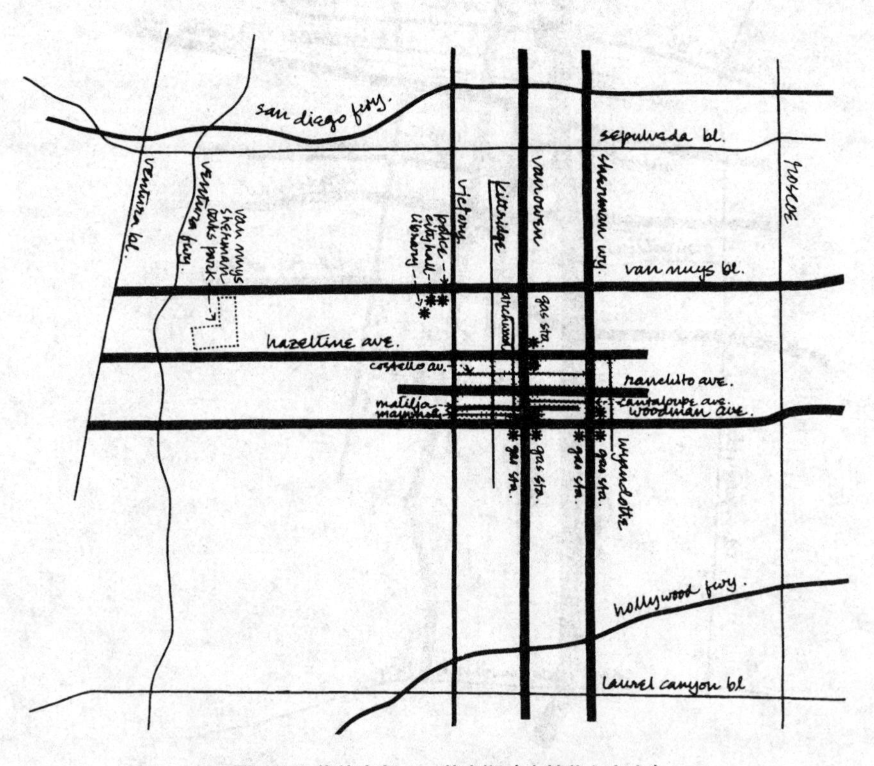

图 4.17 集体意象——范奈斯（中等收入白人）

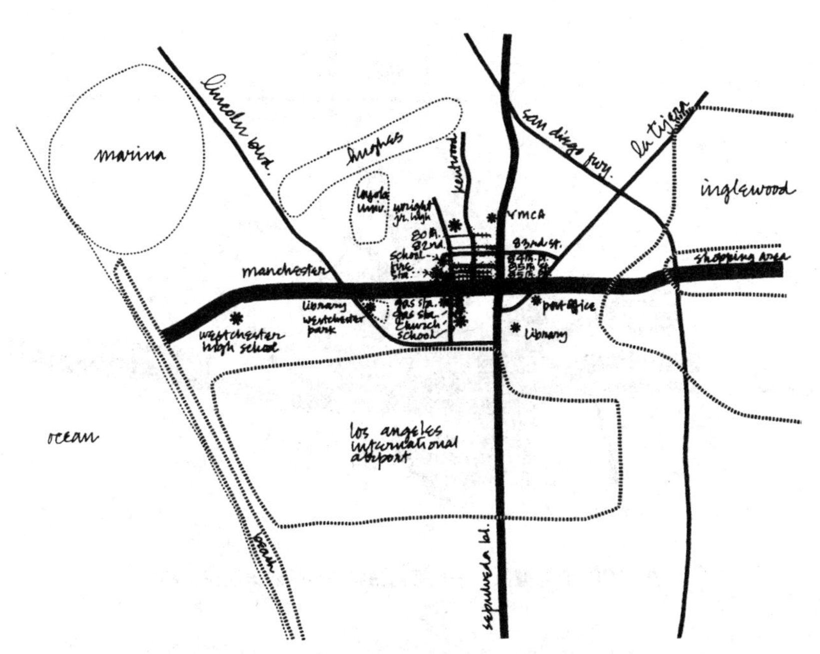

图 4.18 集体意象——韦斯特彻斯特（中等收入白人）

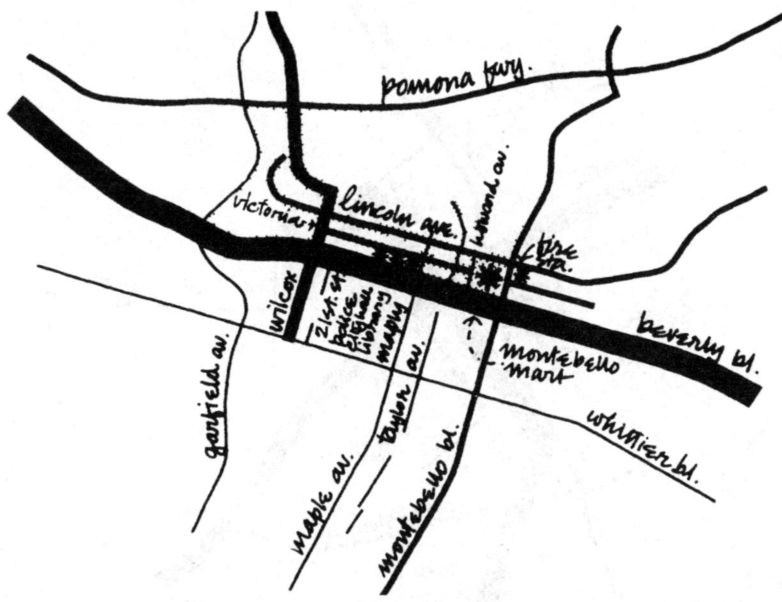

图 4.19 集体意象——蒙特贝洛（中等收入西班牙裔人）

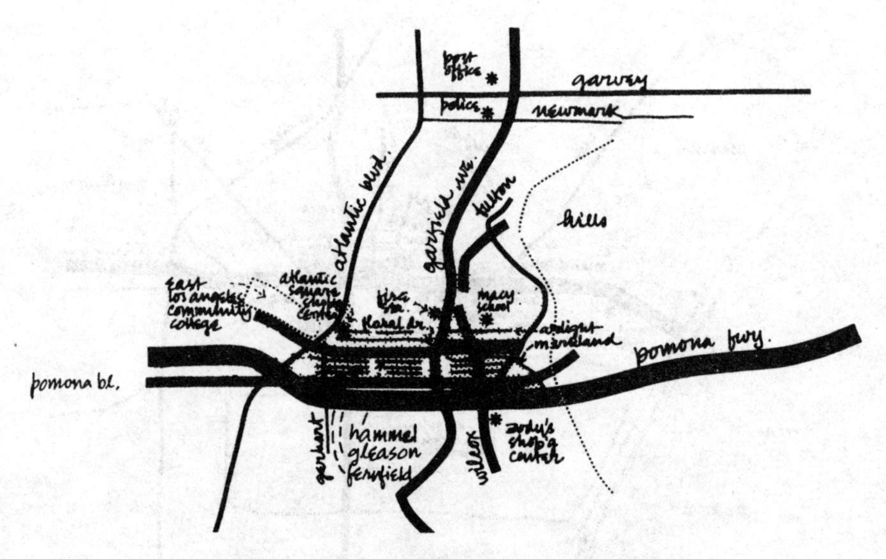

图 4.20 集体意象——蒙特利帕克（中等收入西班牙裔人）

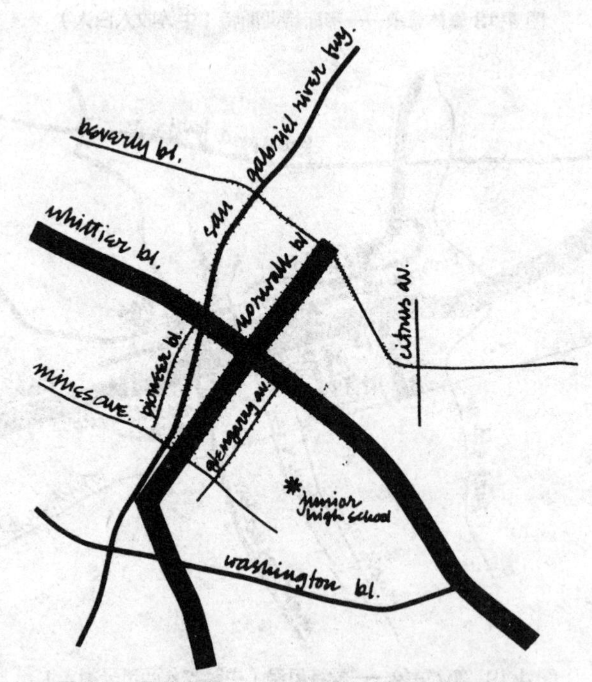

图 4.21 集体意象——惠蒂尔(中等收入西班牙裔人)

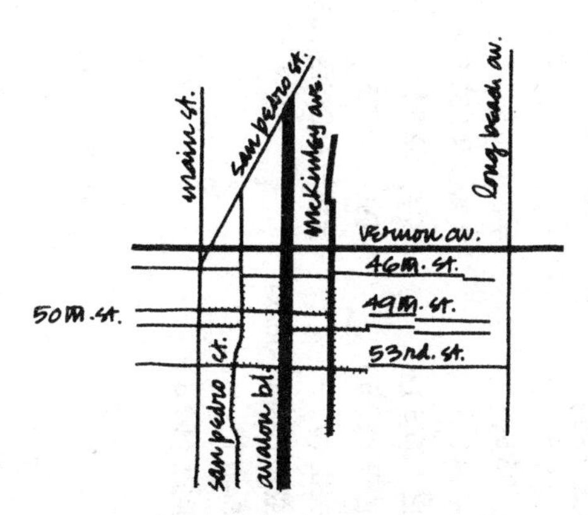

图 4.22 集体意象——史劳森（低收入黑人）

如果仔细研究这些住区意象图，就会了解一些住区的识别性从何而来。但是，既强调街道系统和节点，却又明显缺少鲜明的边界，这也同样使我们深感困惑。识别性究竟是如何建立起来的？由于场所识别性是住宅规划和设计的日常工作事项中一个重要问题，因此，我们采取了向受访者直接提问的方式来探讨这个问题[5]。对这一问题的反馈总结如表 4.1 所示。总的来说，这些调查结果虽然看起来印证了集体意象显示的内容，但也指出了一些重要的差异性。例如，学校——尤其是小学——在集体认知地图中仅作为次要地标出现；然而，在回答场所识别性具体来源的询问时，学校又是提及频率最高的元素。在认知地图上，街道经常被描绘成组织元素，在列表上又显示为其重要性随收入下降而上升，然而在这里，街道却与提供边界联系在一起。还必须注意到的是，在各收入群组内部，场所识别性的来源也显著不同，无论在排序上还是在数量上都是如此，显示出局部差异。此外，平均来说，用于识别住区的资源数量都随收入减少而下降，这一点与集体意象图显示出来的图示表达丰富性随收入减少而下降的趋势不谋而合（实例：图 4.22、图 4.25、图 4.26、图 4.27、图 4.29、图 4.30）。下一节将对此进行更多的讨论。

表 4.1 住区识别性的各种来源（按人口群组排序）[a]

项目	高收入白人（人数 =85）	中等收入白人（人数 =80）	中等收入西班牙裔人（人数 =59）	中等收入 黑人（人数 =86）	低收入 白人（人数 =88）
了解住区的缘由（根据频率排序）	学校（97.6）	学校（97.5）	学校（94.9）	学校（96.5）	学校（90.9）
	名字（95.2）	商业区（82.5）	商业区（91.5）	名字（94.2）	街道边界（81.8）
	自然或人工特色（88.1）	住房类型（77.5）	街道边界（81.4）	商业区（89.5）	名字（62.5）
	人（83.3）	街道边界（75.0）	名字（66.1）	街道边界（82.6）	商业区（62.5）
	商业区（83.3）	名字（68.8）	自然或人工特色（59.3）	住房类型（77.9）	自然与人工特色（59.1）
	住房类型（82.4）	问题（68.8）	住房类型（57.6）	自然或人工特色（68.6）	
	街道边界（82.1）	人（65.0）		人（64.0）	
	常见问题（77.6）	自然或人工特色（52.5）		常见问题（62.8）	
	其他（50.6）				
各种来源的平均值	7.3	6.2	5.7	6.7	5

[a] 括号内数值为占总数的百分比。所示均为提及频率不小于 51.0% 的项目。在低收入黑人群组和西班牙裔群组的缩减版采访中，不包括此调查问卷。

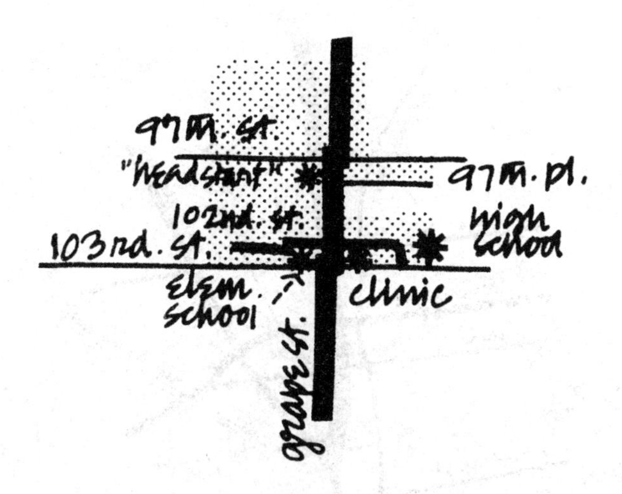

图 4.23　集体意象——沃茨（低收入黑人）

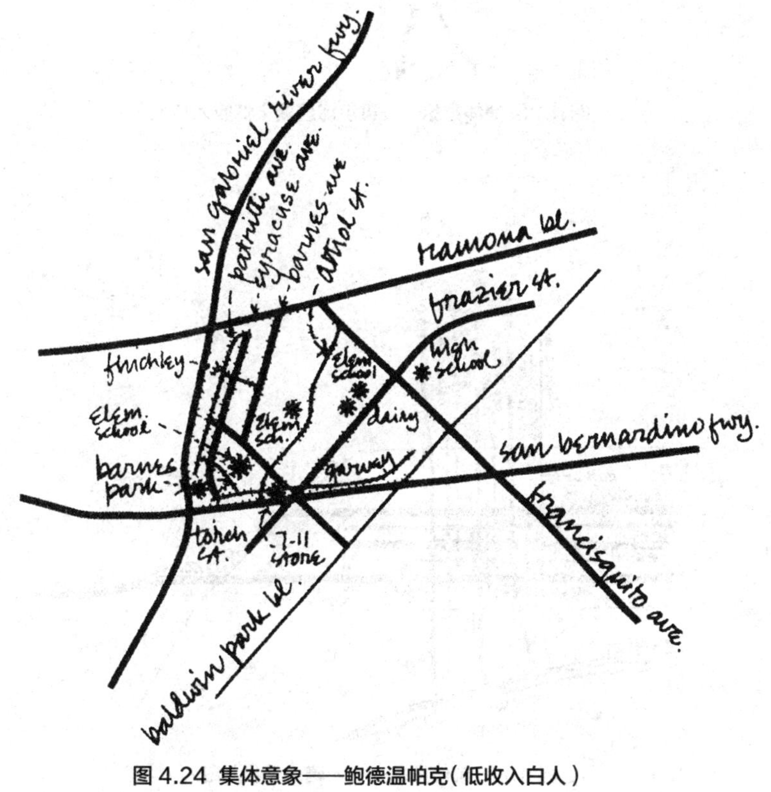

图 4.24　集体意象——鲍德温帕克（低收入白人）

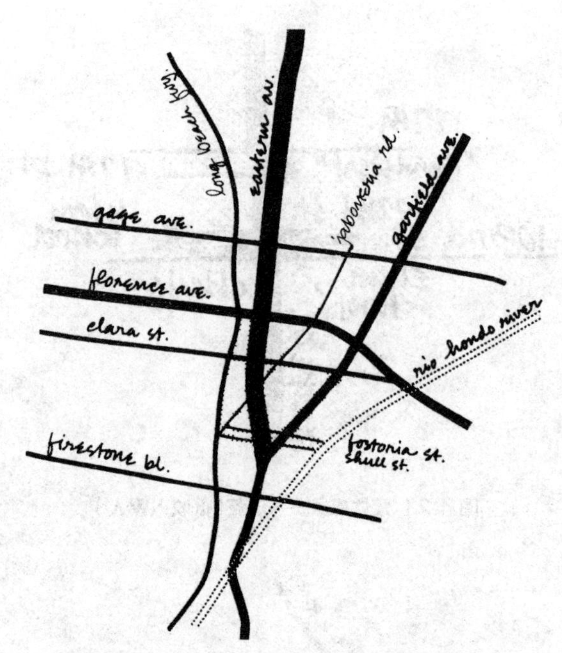

图 4.25 集体意象——贝尔加登斯（低收入白人）

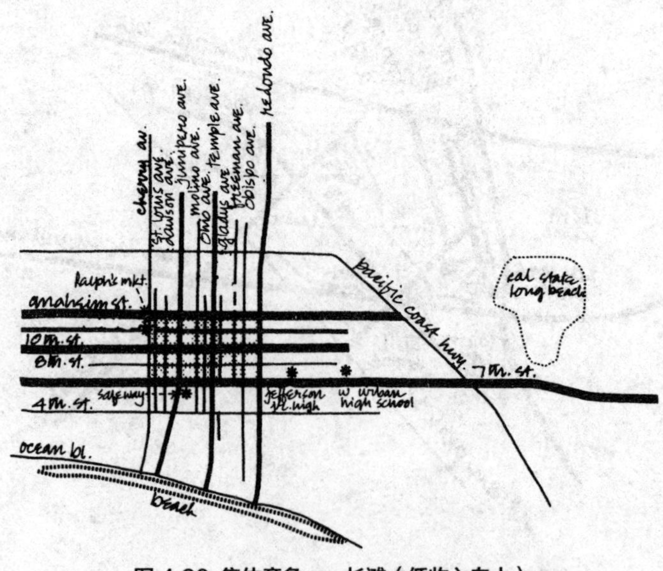

图 4.26 集体意象——长滩（低收入白人）

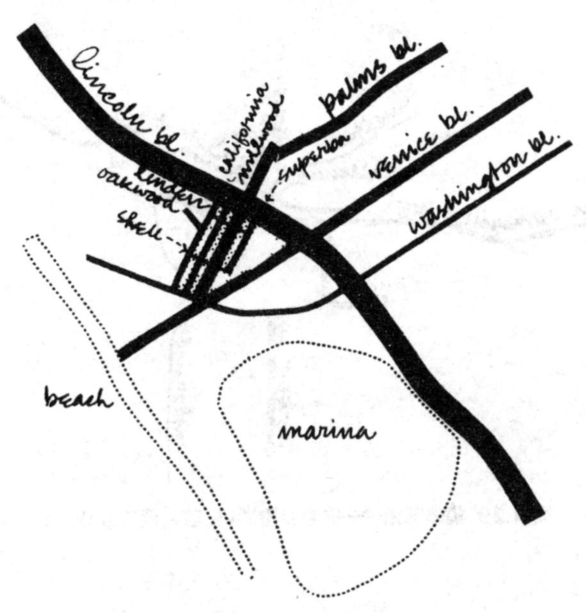

图 4.27 集体意象——威尼斯（低收入白人）

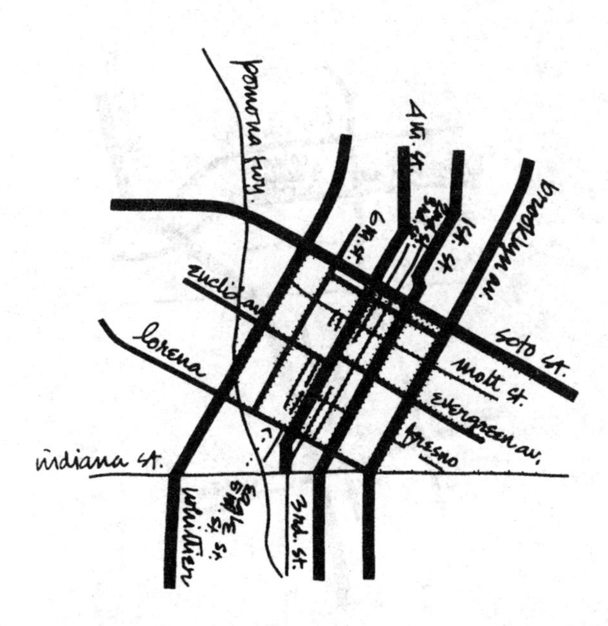

图 4.28 集体意象——博伊尔高地（低收入西班牙裔人）

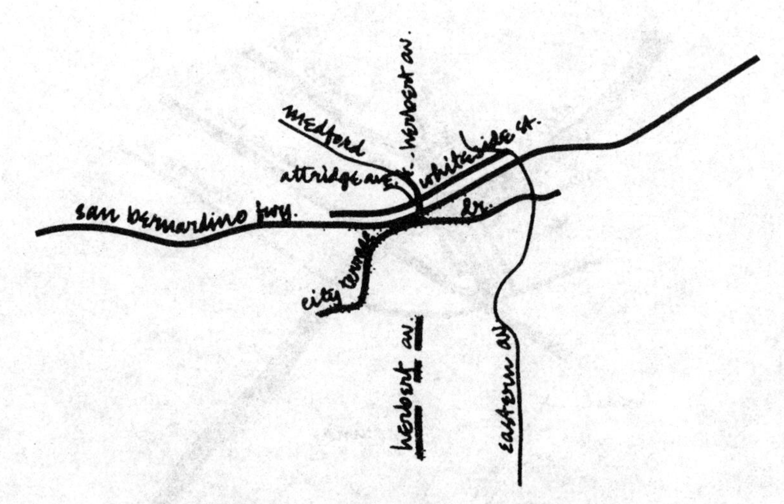

图 4.29 集体意象——锡蒂特雷斯（低收入西班牙裔人）

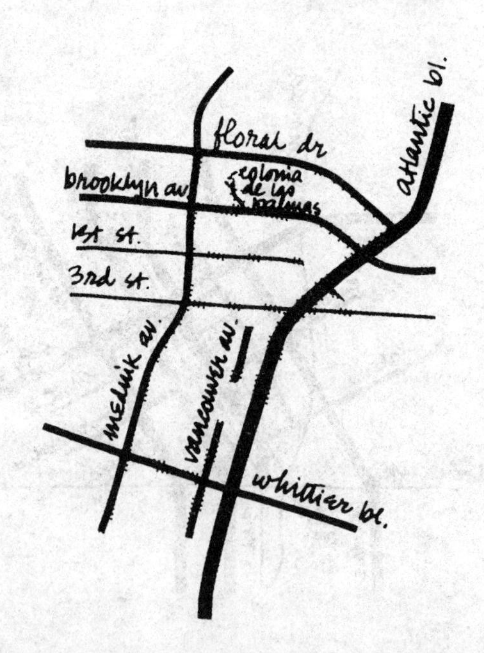

图 4.30 集体意象——东洛杉矶（低收入西班牙裔人）

集体意象的差异性

这些住区集体意象均因位置不同而在细节和内容上有所差异。一般来说，中高收入受访者群组绘制的地图，比低收入群组绘制的地图要有更密集的细节信息[6]。低收入群组绘制的地图缺少细节，很可能表明这些环境里缺少特色鲜明又令人难忘的特征。同时也可能暗示了人们对环境的厌恶和疏远，这种情绪在居民的住区描述中就很明显（第3章）[7]。

相比之下，高收入群组绘制的地图有丰富的装饰元素。他们频繁提及以下各项内容，体现出环境资源和舒适性设施的丰富程度："绿树成荫的街道""树木茂盛的地方""骑马道""高尔夫球场"等。中等收入群组的认知地图中，提及环境资源的就没那么常见。反而是商业场所、地方连锁店和国家特许经营店等设施，才是最常提及的内容。在中等收入和某些低收入群组的地图中，突出的参考点往往是当地的加油站或药店。事实上，连锁店、加盟店的名称及公司标志等，也是那些原本看起来毫无景观特色之处的主要地标和点缀。

这些地图还有一个方面也因位置不同而各异，那就是显示区域的物理范围。对比帕洛斯弗迪斯和沃茨两个住区的居民集体意象，结果颇具戏剧性。帕洛斯弗迪斯认知地图的平均半径[8]超过两英里；而沃茨认知地图的平均半径则只有八分之一英里。这两个例子虽然非常极端，但不同群组所绘地图范围的整体差异性却遵循一致的模式，从表4.2中可以看到这种差异变化。认知地图中的住区规模往往随收入下降而缩小，少数族裔的住区范围又往往比相同收入的白人住区范围更小。图4.31表示了这些地图大小的分布规律，图中以二分之一英里的半径——邻里单位的限制尺寸——作为主要指标。很明显，绝大多数中高收入受访者概念化的住区，都要大于邻里单位标准规定的最大面积。然而，对于大多数低收入受访者来说，住区规模仍然还处于这个最大尺寸范围内。事实上，超过三分之一的低收入白人和西班牙裔以及几乎全部的黑人受访者，无论他们的收入怎样，所表示出来的住区面积都要小于四分之一英里半径覆盖的面积。

表 4.2 各住区地图的平均规模[a]

项目	住区	人数	半径均值（英里）	群组平均数
高等收入白人 人数 =85	太平洋帕利塞德	17	0.62	1.24
	贝莱尔	23	1.09	
	帕洛斯弗迪斯	26	2.07	
	圣马力诺	19	1.19	
中等收入白人 人数 =80	韦斯切斯特	20	1.88	1.16
	东长滩	20	0.86	
	范奈斯	21	1.06	
	坦普尔城	19	0.85	
中等收入西班牙裔人 人数 =59	惠蒂尔	18	0.46	0.70
	蒙特利帕克	32	0.76	
	蒙特贝洛	19	0.89	
中等收入黑人 人数 =86	卡森	36	1.16	1.02
	克伦肖	50	0.88	
低收入白人 人数 =80	威尼斯	20	0.65	0.58
	长滩	21	0.64	
	贝尔加登斯	23	0.64	
	鲍德温帕克	24	0.39	
低收入西班牙裔人 人数 =55	博伊尔高地	26	0.52	0.39
	锡蒂特雷斯	14	0.25	
	东洛杉矶	15	1.40	
低收入黑人 人数 =22	沃茨	13	0.13	0.16
	史劳森	9	0.19	

[a]参见注释 8。

住区规模和收入之间存在着某种联系，这一研究结果如此清晰明确，值得深入解读。在另一部分的采访中，我们向受访者询问了参与活动的情况。我们猜测，人们所从事的活动与他们对住区的感受密切相关。此外，似乎可以认为，一个人参加的活动越多，其住区范围就会变得越广阔。我们总共向受访者询问了八十项与居住有关活动的参与情况。由这部分调查问卷产生的详细内容在此只能做个概述，因此我们把这些活动汇总成 14 个基本分类，如个人护理、购物和上门维修等。表 4.3 表示了所有收入群组和种族群组，并列出每个群组参与率最高或者最低的那些基本活动。该表虽然涵盖信息相当多，但还是一眼就可以看到，出现了一个大致的数值范围：在十四组活动中，中高收入群组有十组处于最高参与率范围内，而低收入的黑人和西班牙裔群组则有十二项处于最低参与率范围内。

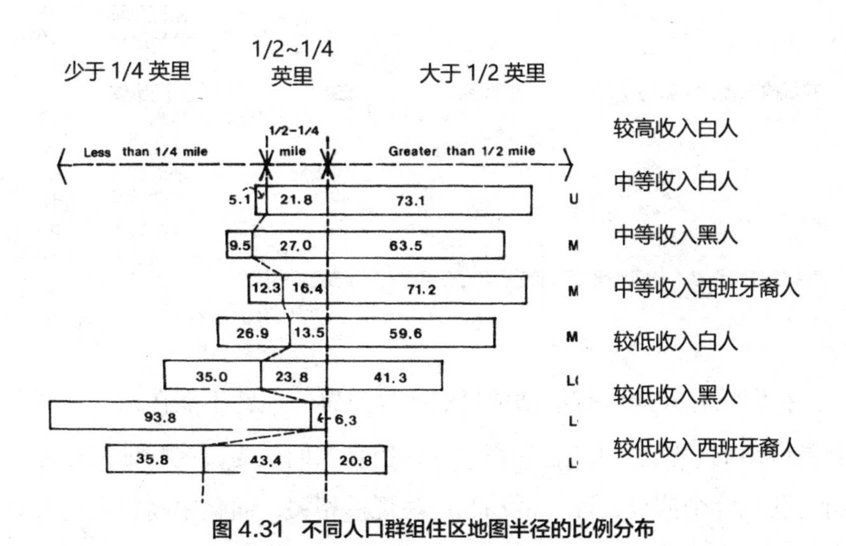

图 4.31 不同人口群组住区地图半径的比例分布

表 4.3 不同人口群组的活动参与率[a]

人口群组（人数）	最高参与率（%）		最低参与率（%）	
较高收入白人（85）	户外维修	87	宗教活动	47
	文化活动	84		
	观演娱乐	82		
	购物	77		
	被动消遣	74		
	社交活动	64		
	个人护理	63		
	主动性休闲	42		
中等收入白人（80）	上门维修	82	宗教活动	47
	被动消遣	74		
	家庭杂项	42		
中等收入西班牙裔人（59）	教育	40	—	
	参与运动	37		
中等收入黑人（86）	交通有关	33	—	
较低收入白人（88）	—		交通有关	38
较低收入西班牙裔人（55）	—		户外维修	33
			个人护理	46
			购物	65
			社交	52
			家庭杂项	18
			参与运动	10
较低收入黑人（22）	宗教活动	59	上门维修	43
			教育	13
			文化的	33
			观演娱乐	44
			主动休闲	10
			被动消遣	55

[a] 百分数表示参与给定分类活动的受访者在各自社会群组所占比例

我们没有标注所有活动项目的所处位置，因此不能在综合地图上把各群组的一整套活动叠加在一起，但是我们认为，这些证据已经支持了我们那个假设，即：活动和居住规模相关，而且中高收入白人群组之所以感受到的住区规模更大，很可能是因为在这些与居住有关的活动中，总体上他们都有较高的参与度。

住区地域范围在受访者感知中具有可变性，居民在住区活动中有不同的参与率，这使得任何试图规定好一个理想规模的做法都多少值得怀疑。此外，住区活动参与率大小与收入或族裔之间存在明显联系，这又引发了这样一个预期，即不同社会群体看待住区的方式很可能也不相同。

可以肯定的是，在解释住区规模可变性时，并不能把实体形态特征、密度、用地配置等所产生的影响排除在外（Sims，1973）。一个社会群体内的内部区位差异性，可以归因于场地特征和开发历史的地方差异性[9]。

调查结果与邻里单位思想的比较

综上可以看到，不仅大多数人只是认识到了环境设计人员设计构想的一部分，而且人们还设想了不同的组成元素来概念化自己的住区。例如，邻里单位构想提倡一系列高度自足、由主干道围绕起来的细胞式单元，而受访者却有另外的设想。有人把道路系统看作是中心主干，自己感兴趣的项目围绕或附属在其周围。有人又把街道系统看作是一个网络，强调街道在住区和城市其他部分之间的联系功能，而不是强调街道分隔住区的划界功能。

邻里单位强调主要道路作为视觉和心理上的边界或边缘，而我们却发现，受访者更倾向于注意到自然地理特征和地形特征，认为这些元素才体现了边界功能。邻里单位构想非常强调中央核心，但受访者的意象中却通常没有这一特征，最多只是有些许暗示，而且常常表现出来的也就是几个感兴趣的节点。

同样地，尽管设计人员偏爱把公共设施变成邻里单位的标识性建筑物，但是我们却发现，私营机构——尤其是知名连锁店——对受访者来说也同样具有突出的作用。此外，在邻里单位构想的年代还不为人所知的区域性购物中心，也成为特别受到强调的节点。不过，其坐落位置则取决于居住购买力和市场份额考虑因素等观念，这也完全超出了佩里在最初邻里单位构想中采用的适度规模的思想。

最后，邻里规模并不是受访者使用的唯一空间组织单元。一个区域包含了许多个“邻里”、一两个区域购物中心，甚至还有商业区，就可以看作是一个住区；有时，相邻的几个城市甚至一个国家那样的行政辖区，也包含在一个住区内。

总而言之，看起来邻里单位虽然在某些情况下是一个有用的组织手段，但是，还有大量更为丰富的理念，在创建居住环境过程中，设计人员可以利用甚至改善这些理念。

虽然收入、种族或家庭周期阶段等明显与上述各个主题无关，但是这些群组之间在其他方面还是存在差异性。高收入群组在回答早期问询的语言反馈时用时较长，通常也回答得较为完整，同样，他们绘制的地图所包含的细节也比较多。此外，高收入群组的地图往往强调环境的舒适性设施和各种资源，而中低收入群组的地图则更可能把商业场所表述为醒目的标志物。这一结果在识别特征列表中也得到验证。最后，高收入群组绘制的住区规模最大，而且这一规模随收入下降而减小。还有，在某个特定收入阶层内，白人绘制的地图要比非白人绘制的地图更大一些。所有这些调查结果不仅表明，为每个群组制定的可选住区方案可能存在种种差异性，而且也提出了一些棘手的公平性问题，我们将在最后一章对这些问题展开讨论。

住区与邻里的对比

目前为止，在向受访者提出的所有问题中，我们都要求他们从自己住区的角度来进行回答，而不是从邻里的角度。这是因为，**邻里**一词极可能引起误解，我们不希望由于使用这个词而使受访者的初期反馈受到影响。另一方面，在某种程度上，我们也需要确定在受访者的认识里，**住区**和**邻里**两个词之间是否有不同之处。我们认为，如果这些差异性确实存在，那么，采访中的绘图部分就是最容易找到这些差异性的地方。

在问到邻里在规模上是否与住区不同时，大致有五分之三的受访者表示的确如此，其余受访者则认为二者大小相同。在认为居住环境具有双重概念的受访者中，大约有三分之一的人认为邻里的实体范围更大，剩下三分之二的人则认为邻里的实体范围要小于住区。这一分布规律对于所有群组都基本类似，只有低收入黑人群组是个例外，他们很少（仅十分之一）在两个概念之间进行区分。

居住环境的两个概念交替出现，对此可能有许多种解释。首先，这样的反馈可能正好是人为区分的结果，也就是说，是我们最初的提问方式带来的一种假象。其次，双重概念模式可能真实地反映出比同界模式更为复杂的认知构成。根据双重概念模式，居住环境可以看作由两部分组成，一部分是内部核心（不论冠以住区还是邻里的称呼），一部分是更大的、过渡性的——而且可能也是相互作用的——区域。有些受访者对两个概念做出了明显区分，其中把邻里表示为较小区域的人占三分之二，这一事实表明，对于大多数人来说，邻里象征着一个内部核心，而住区则暗示了更大的生活范围。第三，如果真的把住区概念化为一种社会空间模式，就像李（Lee，1968）曾经认为的那样，那么，其社会部分和空间部分对于一些人来说可能并不一致，而对于另外一些人来说则可能互相重叠。也就是说，在前一种情况下，住区可能意味着空间概念，邻里则可能暗示了社会概念。在后一种情况下，又可能根本不存在这种区分。遗憾的是，我们现有资料信息还不能进一步解释这个问题。不过，要对居住环境做出概念解释，倒是可能比专业人士以前认为的更为复杂。这种可能性就对未来开展的居住规划和设计带来一些重要挑战。

还记得第 2 章讨论过邻里单位思想的基本价值观念，这些价值观念不仅代表了开发商和借贷机构的观点，也代表了知识界和专业精英们的观点。居住环境的使用者——公众——在五十年前是如何看待邻里居住的必要性，关于这一点现在不得而知，但是，在本项目研究中，通过向受访者提出问题，我们已经能够探查到他们对邻里居住重要性的看法。这些问题如下：

对您来说，住在一个你认为是邻里的地方有多重要呢？答案是（圈选数字）

很重要吗？	重要吗？	一点也不重要吗？
1	2	3

您为什么这样认为呢？

在回答这两个问题时，几乎十分之九的受访者认为，邻里居住具有一定的重要性。五分之三的人认为邻里居住非常重要。但是，如同表 4.4 所表示的那样，来自所有收入群组的白人受访者与其对应的非白人受访者相比，对于这些感受似乎都不那么强烈。十分之九的低收入黑人、十分之七的中等收入黑人，还有大约三分之二的中低收入西班牙裔人认为，邻里居住“非常重要”，而只有大约一半的白人受访者给出类似回答。事实上，三个白人群组中，认为邻里居住一点也不重要的受访者所占比例均高于非白人群组。

表 4.4 不同人口群组的邻里居住重要性

人口群组	很重要（%）	一般重要（%）	一点不重要（%）	人数[a]
较高收入白人	56.1	29.3	14.6	82
中等收入白人	50.6	39.0	10.4	77
中等收入西班牙裔人	67.9	26.8	5.4	56
中等收入黑人	73.8	20.2	6.0	84
较低收入白人	50.6	36.5	12.9	85
较低收入黑人	90.9	9.1	0.0	22
较低收入西班牙裔人	64.2	28.3	7.5	53

[a] 有数据缺失的案例未计入百分比计算。因此，人数值比大多数其他表格所显示的数值略小。

当按照不同家庭周期阶段进行细目分解时，老年受访者和来自有子女家庭的受访者表示出相似的邻里居住偏好（表 4.5）。在这两个群组中，超过 90%的人认为邻里居住具有一定的重要性，而且其中多达三分之二的人认为邻里居住非常重要。相反，在所有无子女家庭的受访者中，只有不到一半的人对邻里居住感受强烈。在这些受访者中，五分之一的人认为邻里居住根本不重要[10]。

正如我们前面讨论过的一样，邻里单位构想曾经被批判是白种人的理想，对其他社会群体的需求和理想漠不关心；然而我们的数据信息却表明，“邻里”理想不仅在所有群组中都受到广泛拥护，甚至还是非白人群组梦寐以求的事情，他们更容易感受到来自白人主流社会的冷落。人们曾经预期有子女家庭会赞成邻里思想，然而我们的数据信息却表明，老年人也在寻求这样的理想。

表 4.5 各家庭周期阶段的邻里居住重要性

家庭周期阶段	很重要（%）	一般重要（%）	一点不重要（%）	人数[a]
有子女家庭	64.5	29.0	6.5	248
无子女家庭	47.8	34.8	17.4	115
老年家庭	69.8	22.9	7.3	96

[a] 有数据缺失的案例未计入百分比计算。因此，人数值比大多数其他表格所显示的数值略小。

表 4.6 邻里居住的重要性[a]与个人特征之间的关联系数（Kendall's Tau）

个人特征	前五组[b]	所有组
年龄	-0.10**	-0.11**
教育程度	0.06	0.08***
家庭收入	-0.002	-0.002
种族[c]	0.18*	0.20
住房使用权[d]	0.09***	0.09***
性别[e]	-0.10***	-0.12**

[a]邻里居住的重要性：1代表很重要；2代表一般重要；3代表一点也不重要。
[b]参见第 3 章注释 2。
[c]种族：1 代表非白人；2 代表白人。
[d]住房使用权：1 代表业主，2 代表租户。
[e]性别：1 代表男性，2 代表女性。
* 显著水平为 0.001。
** 显著水平为 0.01。
*** 显著水平为 0.05。

表 4.6 显示了邻里居住偏好与各种不同个人特征之间的关联系数。很明显，受访者的年龄、种族、住房所有权以及性别等，都与邻里居住偏好显著相关。在有这种偏好的受访者中，年长者多于年轻人，非白人多于白人，业主多于租房者，女性多于男性。收入与邻里居住偏好之间没有显示出任何显著关联。教育程度只有在考虑全部七个群组的情况下才呈现显著关联；这种正相关表明，具有较低教育水平的人比起接受过较高教育水平的人来说，可能认为邻里居住更为重要。这些研究结果表明了人口统计学意义上的邻里依赖性概况，这与其他人公布的理论观点和实证研究结果并不一致（Suttles，1973；Rainwater，1966；Lee，1968；Fried and Gleicher，1961；Everitt and Cadwallader，1972）。

人们对邻里居住重要（或不重要）所阐述的理由，似乎既有社会方面的因素，也有实体方面的因素，这一点在表 4.7 中显示得非常清楚。在表中，最常提到的理由与对应的实例列在一起。我们在这里可以看到，大量不同侧面的社会原因基本上似乎都起着主导作用。对人际交往和社交网络的需要是人们想要住在邻里中的最重要原因。受访者尽管各有期许，实质上却都认为邻里具有很强的社交作用。

另一种最常见的理由是住区的实体特点。在这一点上，分歧类型有所不同：那些喜欢邻里居住方式的人认为，与其他类型的城市居住方式相比，邻里生活要少一些城市化，多一些乡村化，而那些不想住在邻里中的人则认为，对于他们想要的满意度和舒适度来说，即使密度相当低的邻里生活也仍然过于拥挤，过于"城市化"。

与此类似，受访者认为与家庭有关的问题也非常重要。对于有子女的受访者来说，对"邻里"感的需要相当强烈。而对于那些无子女的受访者来说，"邻里"感就不重要，不过，他们的评论中也流露出一种共识，即只要他们有了家庭，有了不同的生活方式，那么邻里居住就会重要起来。

受访者还提到了一些其他问题，诸如设施的便利性、居民的人身与财产安全、土地用途以及其他居住者是否正直等，也都是肯定邻里居住重要的原因，但是，认为邻里居住无关紧要的受访者则没有提到这些。

特别要提到的是，这些理由都可以看作是潜在于邻里居住偏好下的价值维度，而且这些理由与第 2 章讨论过的各种背景价值观念、显性价值观念和隐性价值观念等都密切对应。我们还记得，形成邻里单位思想的背景价值观念从本质上关注的，就是社交性、友好性、家庭保护、居民正直感以及宜居性等。有趣的是，五十年后，这些价值观念再次引起本研究采访对象的共鸣。受访者们也提到了诸如便利性、购物、人身安全以及私密性等实体价值观念，所有这些也是邻里单位思想倡导者们曾经宣扬过的显性价值观念。最后，从表 4.7 中可以看到，受访者提到的可以归为隐性价值观念的内容（社会同质性、财产安全以及独院住宅等），也都隐含在各种公共和私人机构对邻里单位的认可中。

接下来，我们要把这些关于“邻里”感受的调查结果与前面关于住区感受的调查结果联系起来。从理论上说，本应该针对每个概念提问完全相同的问题，但是我们又不想让受访者有单调乏味之感。我们发现，这两个概念所引起的回应，基本上都是社会取向而不是物质取向。此外，在感知邻里和住区相对规模上存在的差异性表明，即使人

表 4.7 最常提到的邻里居住重要或不重要的理由

邻里居住的重要性		
按提及频次排序	理由	实例
1	社交性	“带来与人接触的机会。互相帮助，满足需要。”
2	亲切感	“谁愿意孤单呢？总是待在家里。这是我的本性。如果不住在邻里中，你会感到孤独。” “住在人很友善的地方是一件好事。对于我来说，那才是邻里最重要的方面。”
3	住区品质	“我认为那就是家庭生活，花园、鲜花、树木，不像城市那么拥挤不堪。”
4	与家庭有关	“为了孩子——环境。” “嗯，我认为这对孩子有好处。有安全感。住宅都在容易识别的地方，他们住的地方才可以叫作家。” “如果你有孩子，对他们来说，能和邻居孩子一起玩耍是件好事。”
5	社会同质性	“我认为，邻里就是同类型人居住的地方——同样的收入阶层。” “我感觉住在自己种族人中更幸福。”
6	便利性	“我喜欢临近像学校和购物中心这些地方的便利性——我喜欢能够步行去想去的地方，尤其是在我没车以后。”
7	购物	“我喜欢靠近食品店、药店、加油站、汽车修理厂等。” “我认为邻里就是一个带有小块商业区的住区，有像洗衣店、药店、食杂店等这样的设施。”
8	个人安全	“孩子可以安全地玩耍，这样就不会被拐走，或者被车撞，也不会被骚扰。对老太太也是安全的。”
	财产安全	“我单独与孙子住在一起，我觉得住在邻里比住在独立区域更安全。区内有警察巡逻，我喜欢这点。”
9	独栋住宅	“不想要公寓或商业——就想要住宅（独栋）区。”
	道德	“因为你想住在一个可以养育孩子、体面的地方，邻里和居民都让人自豪。投身邻里，保持发展吧。”
10	安静	“因为邻里没有太多噪声。” “因为住宅邻里都远离工厂。噪声不像别的区那么多。”

（续前表）

邻里居住的不重要性		
未排序的提及频次	理由	实例
a	社交或亲切感	“我们真的不在意邻居是谁；从不与邻居社交；反正不太回家。”
b	城市或乡村	“因为我天生就是个多面手，可以独来独往。” “因为我住在乡下会非常开心。” “不重要，非常不重要。因为喜欢空间开阔。我喜欢非常开阔的田野。”
c	与家庭有关	“因为我还没孩子。” “还没成家，多数时间不在这里。我多半外出，或者去别的地方。” “不是很重要——我们不会再有年幼的孩子；我们的兴趣在于远远地离开家——在世界其他地方旅行多次。”
d	私密性	“喜欢私密性。成长过程中，很多时候我家都是在一个大居民区里。我注意到邻里居住有些不好的地方。” “我真的很想住在一个人不多的地方，喜欢待在山里。” “我想住在森林里；想隐居起来。”

们认为二者有所不同，但在属性特征方面的差异可能并不大。

因此，我们认为，对住区的调查结果也大致适用于区分各种邻里观念。当然，我们阐述过的各种各样基本概念，都适用于不同居住环境的设计范式。此外，邻里单位构想本身看起来并没有神圣到可以作为理想解决方案的程度，即使对于那些认为邻里完全不同于住区的受访者来说也是如此。

最后，邻里不论采用什么样的实体形式，对于居住福祉来说都具有一定的重要意义，这一观念已经在很多人的意识中根深蒂固。不论现在制定的构想与邻里单位思想多么不同，也都只是作为邻里单位的备选方案，而非取而代之，这是因为，邻里单位不论存在什么样的缺点，都达到了一些目的，在许多方面满足了人们的需求。

摘要与结论

本章通过审视受访者对住区的个体意象和集体意象，探讨了各个居住场地。像上一章一样，我们探寻了人们感受住区的总体模式。在这个过程中，我们还探究了哪些实体环境元素在形成居住意象时是至关重要的，以及这些元素与规划人员的传统看法相吻合的程度。最后，我们尝试在住区和邻里之间建立起联系，并尝试去审视人们感受到的邻里居住重要性。

有一些基本模式已经变得很明显。从受访者绘制的地图中可能区分出四或五种基本的图像类型。这些类型表明，人们把住区分别看作为活动节点、“面 - 块”式的亲密社区、行为圈、“防御性邻里”以及责任受限的“非场所”。不过，上述这些推断都还只是尝试性的，因为许多地图都混有多种类型，并且还有另外一些地图根本无法进行任何分类。

集体意象揭示了住区在实体 - 空间方面的另外几个侧面。街道系统是主要的组织元素，受访者始终利用干道或公路作为主要参照框架；他们绘制的地图要么围绕一个“主干”进行集中组织，要么像“网”或“网格”一样进行无中心式组织。在自然或人工元素毫无特色的居住场地上，街道尤其起着重要作用。

此外，住区意象也反映了各个场地存在质的差异性，这与前面语言描述住区中所看到的模式相一致。一般来说，高收入受访者在住区地图上描绘的，都是那些住区里丰富的环境资源和舒适性设施，以及供应充足的公共服务和设施。在一部分中等收入住区和全部的低收入住区，没有这样的资源，大型商业机构或连锁店的企业标志就成为居住景观的重要特征。通常来说，这些都是反面因素，对规划人员所梦想的环境具有破坏作用。然而，显而易见的是，在日常生活的视觉环境中，人们不仅接受了这些商业性的标志物，而且还依赖这些标志物来组织自己的城市体验。

诚然，所有这些住区都不是刻意遵循邻里单位原则设计的。但是，就像索洛等人（Solow et al.，1969）所认为的那样，在邻里单位的这些原则和标准中，有许多已经为区划条例和小区规划条例所吸收利用。实际上，我们采访的住区中，大多数住区的客观环境尽管没有反映出教科书上的模型，却包含了邻里单位思想的许多基本特征，比如学校、公园、社区购物中心、邻里服务和设施以及框定区域的干道等。但是，受访者的集体意象却很少有像邻里单位这样的理想模式，甚至可以说根本没有。这些集体意象通常都没有边界感，也没有中心感。其显著特征是线性或网格状的参照系统，而不是中心和边界。

居住环境暗示了一种双重概念模式，这一模式的社会组成部分和空间组成部分互不关联，是按照个人意义的层级结构组织起来的。这种存在双重模式的可能性，又把耳熟能详的邻里单位置于令人疑惑的境地。

不过，绝大多数受访者都认为邻里居住的大理念是重要的，非白人受访者尤其如此。一般来说，在认为邻里居住重要这个问题上，有可能出现的态度是：年长受访者要甚于年轻受访者，业主要甚于租房者，女性要甚于男性。但是，不论受访者是否喜欢住在邻里中，他们给出的理由却大致相同。其中最常见的理由是社会方面的，而不是物质方面的。

关于方法论与调查结果的说明

现在有必要简要评论一下第 3 章和第 4 章采用的方法，以及这些方法所产生的结果。很清楚的是，人们提出的问题，连同寻求答案所采用的媒介，共同决定了反馈内容。例如，当我们要求受访者用语言来描述住区时，他们反馈的焦点是社会因素，而不是物质因素。后来，当我们要求他们画出自己的住区时，他们的反馈焦点又是物质方面的，而不是社会方面的。

现实究竟是怎样的呢？我们注意到（不予评论），社会学家利用词语作为专业表达的主要媒介，环境设计人员利用的则是图解。社会学家发现的是居住生活中至关重要的社会关系；设计人员则历来都表示坚信实体环境的重要性。如此看来，受访者在按照要求利用某种专业表达媒介时，只是无奈地反映出各个专业的种种信念而已。或许就像社会学的知识要依赖于调查者的背景和训练一样，技术上的知识也要依赖于研究者在引导反馈时所选择的媒介。

社会的和物质的，究竟哪一个更重要呢？我们一直选择站在社会方面的一边，可是这样一来，调查就更依赖于利用词语，而不是绘图，因为调查本来就以词语作为导向。有趣的是，在运用第三个方法时，反馈结果又再次不同。这个方法是：我们预选好一些项目，这些项目对提供居住环境识别性分别具有不同的重要性，然后要求受访者对这些项目按照上述重要性进行排序列表。我们发现，“人”这一项在这个列表中仅排在中间位置，而在开放式问题中这个项目却极为突出。“街道”一项在集体认知地图中也受到重视，但在排序列表中也仅处于中间位置。倒是“学校”这项，尽管在另两个调查问卷中不那么明显，却在列表排序中处于最重要的位置上。

我们只能得出这样的结论：关于这一论题的研究，确实需要各种各样的方法，其中任何一个方法都不能为这些类型的问题提供一个确切的答案。另一方面，我们想指出的是，就本研究来说，不论哪种形式的调查和反馈，收入水平自始至终都是一个重要变量。

注释

1 **行为空间**这一术语的定义，参见沃尔珀特（woerbaite，1965）和霍顿与雷诺兹（Horton and Reynolds，1971）的相关表述。

2 韦伯（Webber，1964）认为，场所和地方社区的重要性随收入增长和受教育程度增加而降低。处于上升期的专业阶层极可能按照其职业和阶层联系而属于许多不同“领域”，最不可能成为“场所”-约束一族。不过，韦伯承认，在低收入群组间，地方性社区和场所在产生友谊和作为社交互动中心方面可能仍然起着重要作用。

3 埃弗里特与卡德瓦拉德（Everitt and Cadwallader，1972）[1-2-2] 曾经论述过“家区”的概念，他们定义为：“家的周围具有重要意义的区域——在人与人之间可能具有可比性。因此，个体的家区就是其住宅周围的区域，在这个区域上，人们最有家的感觉”。

4 为了准备一个住区的“集体意象”，我们对地图上表示出来的各个项目（有标记和未标记的都有）进行简单计数。个人地图上表示的项目按照下面分类进行编码：街道、公路和高速公路；公共设施（如警察局、消防局和邮局等）；私人设施（如药店、超市和加油站等）；天然的舒适性设施（如海滩、山脉和河流等）；以及地点（如地名、校园、“住宅区”和“商业区”等）。每个场地位置的“综合地图”都是根据受访者所绘地图上提到的项目，通过描摹转换到标准的街道地图上，然后再以图例形式区分出各自被提及的频次。

5 参见附录A的问题11。

6 除长滩住区外，所有低收入住区地图上的项目数，平均每张都少于十一个，而其余群组的住区地图上则有十三个或更多的项目。

7 这可能也反映了低收入受访者在绘制这些地图时缺少基本的热情。因为不能排除掉这个可能性的存在，所以，关于客观环境条件所起的作用，或者居民对场所的态度，所做出的一切推断都只能慎之又慎。

8 地图半径是根据重画地图（还有重新解读地图）计算出来的，即：把一张描图纸覆盖在按比例绘制的标准路街图上，在描图纸上重新描画出地图。在把原作地图所表示的街道都转画到描图纸上后，在整个地图的外边缘画一个外接圆。这个外接圆半径即为住区地图半径的值。以英里为测量单位。

9 例如，以帕洛斯弗迪斯和太平洋帕利塞德两地居民所绘住区地图之间的差异性为例，二者均为高收入白人住区。太平洋帕利塞德住区地图的平均半径是帕洛斯弗迪斯住区地图平均半径的三分之一。在这个例子中，差异性很可能是由场地的实体差异造成的。太平洋帕利塞德的场地环境，是由高速公路、街道、峡谷和绝壁所组成的体系完整勾勒出来的。大多数受访者都绘制了一致的界限，这些界限划定出来的区域，比帕洛斯弗迪斯受访者画的区域要小得多。在帕洛斯弗迪斯受访者看来，实际的采访住区缺少明显的边界，但是帕洛斯弗迪斯半岛的大背景却非常明确，因为有环绕的海岸线、丘陵地形、低密度开发区和昂贵的住宅等。此外，采访的住区还与大半个半岛共同拥有统一而独特的外观，这一点得益于整个半岛采用了严格的土地用途、密度和建筑控制等手段。因此，帕洛斯弗迪斯住区折射出一个扩大了的住区概念，把整个半岛都包含在内，这一点也不奇怪。

还可能得出的一个理论观点是：住区规模可能反映了区域的物理密度。在一定程度上，认知地图是由各种居住活动（如食物采购、散步和探访邻居等）的轨迹形成，而且在一定程度上，密度决定了公共或私人服务和设施的空间集中程度，因此，可以预测，在住区密度和认知地图之间存在某种联系。

10 为了进一步验证这些联系，我们对邻里居住重要性进行了交叉列表，即把人口群组分为白人和非白人两类，并把老年人和有子女家庭合并为一类。在家庭周期阶段为控制变量时，邻里居住与人口群组（1 代表白人；2 代表非白人）的局部关联系数为 -0.36（只考虑前五组时为 -0.37）。在人口群组为控制变量时，邻里居住和家庭周期阶段（1 代表老人或有儿童家庭；2 代表无子女家庭）之间的局部关联系数为 0.37（在只考虑前五组时也为 0.37）。

5　住区作为实体空间：场所

前面讨论了受访者对住区的印象、评价和意象。这些内容清楚地表明，住区不仅具有显著的社会环境功能，其实体空间也具有重要意义。规划人员和设计人员对住区作为实体空间的作用尤为感兴趣，因为实体布局、住宅配置、用地构成以及环境家具等各方面，在很大程度上仍然取决于他们的专业判断。这些也正是他们的专业领域。从受访者心理地图和集体意象中都可以明显看出，人们在表示住区的时候，最常见的就是把住区描述为一片住宅区（包括单栋住宅），有几个“非住宅”用途的环境元素围绕在周围，或者混杂在住宅群里。因此，如果能了解哪些环境元素和土地用途在居住环境里是无法接受的，哪些方面尽管不太理想却还是可以接受的，将会非常有利于未来的居住规划和设计。如果可以证明，某些特定元素或土地用途的存在会关系到人们的居住满意度和幸福感，那么，我们在建立标准，为所有人设计“良好”居住环境方面，就会取得长足进步。

一般来说，在制定土地利用决策的过程中，从未考虑过以不同方式利用土地带来的心理和行为方面影响。实际上，最常见的土地用途描述，如工业用地、商业用地、居住用地和公共机构用地等，反映的只是土地利用的经济功能和社会功能，没有反映出其行为特征，而**利用**一词却隐含了行为特征（Wohlwill，1975）。在解决土地利用争议时，人们通常想到的也只是健康、安全和令人讨厌的因素，很少考虑土地政策所产生的感知和行为方面影响。然而，城市更新和高速公路发展带来的教训告诉我们，感知和行为上的影响在土地利用决策中也同样重要。人们越来越意识到，土地利用的综合化和空间结构化不仅影响着人们的健康和安全，而且也影响到人们所感知到的生活品质和幸福感。

我们认为，对特定土地用途的感受，很可能由土地用途对于个体的相关性、实用性以及重要性等方面构成。对于一些人来说，一间自助洗衣店不过是住区里的一个基本必需品；而另一些人则可能认为，自助洗衣店会招来流动人口或低下阶层的消费者和社会上不受欢迎的人。对于爱扎堆的好酒之徒来说，一间小酒馆或一家酒类专卖店只是一个便利设施而已；而对于禁酒主义者来说，这二者可能就是颓废堕落的代名词。另外，对特殊土地用途的看法，也可能反映了土地用途对感觉或对安全保障方面产生的影响。因此，对于有的人来说，住区里的游乐园会太吵闹，棒球公园也会造成太多的交通拥堵。

但是，如果把行为方面的观点包含在用地规划原则里，那么传统的土地用途分类就可能存在不足，可能就有必要从更多个体 - 行为的角度来发展环境元素的概念（Wohlwill，1975）。因此，与住宅用地、商业用地、工业用地等这样的传统土地用途分类相比，邻里公园、药店、加油站、商场、电影院等就可能是更为贴切的土地用途描述语。从个体 - 行为的立场来看，一间“药店”不仅仅是一种“商业的”土地用途类型，还是一个“行为场所”（Barker，1968）。事实上，为数不多的环境认知研究表明，我们在记忆和思维、语言和对话中，用来对日常经验进行分类和组织的方式，并不遵循传统的用地分类模式（Lowenthal，1972；Carr and Schissler，1969）。相反，我们的日常分类都是基于常用的描述语，诸如“超市”“汽车修理店”“儿童游乐场”等。这些在日常用语中都很常见。

为了确定居住环境的实体组成部分，我们选择使用**环境场所**一词，来描述那些可以作为住区组成部分的大多数特征。虽然这一术语明显受到巴克（Barker，1968）的**行为场所**理论学说的启发，但是我们并不打算使用这一概念的原本用意(像局部行为研究中的那样)，也不打算以同样的精准度使用这一概念[1]。举例来说，以我们的研究意图而言，只要把一家文具店或一个商场简单地看作是一个“环境场所”就足够了，无需去关注“行为准则”或场所和行为的“共源特点”（synomorphs）到底是什么。我们借助**环境场所**这个词来表示空间、设施、机构等，这些场所无论私有还是公有，都可以按照某种可以合理预见和认可的方式，用于一种或多种活动。我们进一步认识到，还存在着一种可能性，即某些环境元素尽管并不完全具备活动“场所”条件，然而却能间接地达成某项活动的满意效果，或者有助于提升人们的总体满意度和幸福感。标志、广告牌和公用事业标线等都是这样的环境物体实例，它们不是场所，却可能显著地影响到人们对环境的满意度。由于缺少更恰当的术语，我们把这些物体称为**环境硬件**[2]（图 5.1~ 图 5.9）。

因此我们认为，作为实体空间的住区，可以看作是由一个人的家和其他的住宅，再加上一组环境场所和环境硬件组成的。如果现状条件与个人概念中的理想场所和硬件相匹配，那么现状就会被认为是令人满意的。不一致则会导致紧张和不满。但是更重要的，从居民对场所和硬件的偏好以及具体环境是否匹配来看，可能不仅要确定良好居住环境的标准，而且还要确定用以改善不同社会群体条件的优先事项和策略。下面将根据采集到的部分资料信息，来讨论人们对各种场所和硬件的感受与偏好。

图 5.1 博伊尔高地（低收入西班牙裔人）的边道步行活动场所

图 5.2 锡蒂特雷斯（低收入西班牙裔人）的一个场景：作为孩子们活动场所的前院

理想的场所与硬件

在采访过程中，我们向每位受访者派发两组相同的卡片，每组卡片有 78 张，每张卡片上都有一段关于某个场所或硬件的描述（表 5.3 所示为完整列表）[3]。受访者用这两组卡片来说明两个问题：第一，他们对目前所在居住环境的看法；第二，他们想要的住区是什么样的。受访者把第一组卡片分成三堆，分别标注为：（1）“我所在住区里实际上有的项目”；（2）“我所在住区里实际上没有的项目”；（3）“不清楚”。然后，他们再把第二组卡片分成三堆，这次的标注分别为：（1）“我在住区里**想要的**项目”；（2）“我在住区里**不想要的**项目”；（3）“有没有都行”。这样，第一组卡片就可以用来评测邻里认知的程度，第二组则可以用来评测对理想场所的偏好程度。把这两组信息集中起来，就成为评价现状和理想状态之间一致程度的依据。让我们首先来研究一下，人们通常都希望自己的住区里拥有哪些理想的环境场所和硬件？在不同人口群组和各家庭周期阶段之间，对这些理想环境场所和硬件的偏好又存在什么样的差异性（如果存在的话）？

图 5.10 列出了大多数受访者（七个人口群组中至少有四个群组）都认为理想的（“我在住区里**想要的……**”）[4] 环境场所和硬件。有趣的是，表中列出来的内容相当多，包含了整组卡片 78 个项目中的 58 个。仔细研究表格后可以发现，不同人口群组对于大多数项目的期待值并不相同，而且在一个给定的人口群组内，所有元素受到期待的强烈程度也不尽相同。这些项目根据所有七个群组的总体期待值进行排序（按照提及频次）。这些元素中，前十四项代表了核心的场所和硬件，是大多数群组强烈想要的项目。接下来的二十二个元素代表了中等偏好程度，而剩下的二十个则表示微弱偏好——甚至对于某些群组来说，这些项目根本不受大多数人欢迎。

图 5.3 博伊尔高地（低收入西班牙裔人）的一个步行天桥——应该算是环境场所还是环境硬件呢？

图 5.4 当地商店通常都是居民的理想场所——威尼斯住区（低收入白人）

图 5.5　韦斯切斯特（中等收入白人）的学校游戏场（受欢迎的场所）

图 5.6　长滩住区的人行道（低收入白人）

图 5.7 室外长椅和公交车站被视为可接受的场所，图为博伊尔高地的一个实例（低收入西班牙裔人）

图 5.8 告示牌位于前院。威尼斯住区里不受欢迎的环境硬件（低收入白人）

图 5.9 贝尔加登斯住区的电线杆（低收入白人）——又一个不受欢迎的环境硬件实例

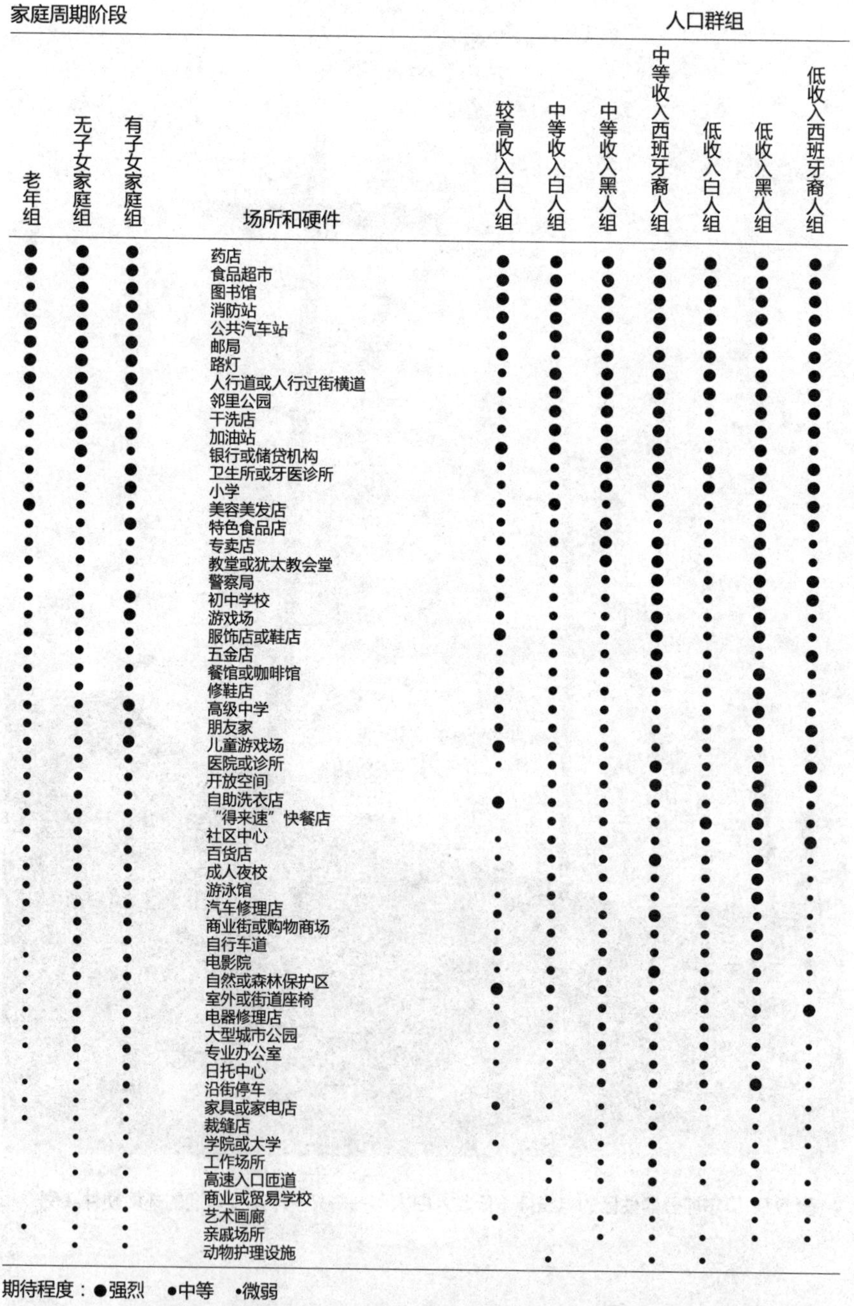

家庭周期阶段

人口群组

老年组 | 无子女家庭组 | 有子女家庭组 | 场所和硬件 | 较高收入白人组 | 中等收入白人组 | 中等收入黑人组 | 中等收入西班牙裔人组 | 低收入白人组 | 低收入黑人组 | 低收入西班牙裔人组

药店
食品超市
图书馆
消防站
公共汽车站
邮局
路灯
人行道或人行过街横道
邻里公园
干洗店
加油站
银行或储贷机构
卫生所或牙医诊所
小学
美容美发店
特色食品店
专卖店
教堂或犹太教会堂
警察局
初中学校
游戏场
服饰店或鞋店
五金店
餐馆或咖啡馆
修鞋店
高级中学
朋友家
儿童游戏场
医院或诊所
开放空间
自助洗衣店
“得来速”快餐店
社区中心
百货店
成人夜校
游泳馆
汽车修理店
商业街或购物商场
自行车道
电影院
自然或森林保护区
室外或街道座椅
电器修理店
大型城市公园
专业办公室
日托中心
沿街停车
家具或家电店
裁缝店
学院或大学
工作场所
高速入口匝道
商业或贸易学校
艺术画廊
亲戚场所
动物护理设施

期待程度：●强烈　•中等　·微弱

图 5.10　各人口群组和家庭周期阶段对不同环境场所与设施的期待程度。（强烈期待：83.4% 或更多的人想要的项目；中等期待：66.7%~83.3% 的人想要的项目；微弱期待：50.1%~66.7% 的人想要的。）

图示列表中排在前十四项的环境元素，看起来应该是住区里最应该有的场所和硬件。图书馆、邻里公园、消防站、公共汽车站、邮局、路灯、人行道和人行过街通道以及小学等，这些似乎就是理想居住空间的核心公共设施和舒适性设施，这正好呼应了邻里单位思想主题。细读《邻里规划》可以发现，食品店和药店事实上也属于邻里购物设施之列，医疗机构和牙科服务设施也是如此（APHA，1960）。加油站和银行或储贷机构虽然没有明确提到，但无疑也可以归入这本出版较早的标准所规定的“其他杂项服务”分类下。因此，就第 4 章讨论过的邻里价值观念来说，尽管生活方式和活动模式都发生了转变，但是对于究竟是哪些内容构成了住区环境场所和硬件的核心，公众的看法似乎一直保持不变。然而，一旦我们来研究中等期望值范围的环境元素，那么组际间的差异性就变得越来越明显。例如，像医院或诊所、自助洗衣店和百货店等这样的项目，都不在高收入白人群组“想要的”项目列表上，而一些低收入群组却对这些项目表达出浓厚兴趣。在环境场所和硬件列表的最下面几行，群组间偏好一致性更是急剧下降。

有一些整体模式还是显而易见的。很明显，高收入白人的住区观念最具排他性，而两个低收入少数族裔群组则最具包容性。这一结果按照受访者画图描述住区的情况来看有点异常，高收入白人描绘的住区较大，低收入少数族裔群组所表示的住区则较小（第 4 章）。但是随收入情况的变化模式却不明显，这是因为中等收入的西班牙裔群组似乎和低收入西班牙裔或黑人群组同样具有包容性。另一方面，低收入白人群组和中等收入黑人群组的包容性看起来稍差一些，而中等收入白人群组则显示出相当强的排他性——其程度仅次于高收入白人群组。至于族裔间在第二和第三重要元素上的差异性，目前的证据还不够充分，无法做出任何确信的概括，不过，有迹象表明，与对应的少数族裔群组相比，白人群组在用地偏好上普遍更具排他性[5]。

图 5.10 也显示了不同家庭周期阶段在理想场所和硬件上的差异性。在各家庭周期阶段之间，排序靠前的项目再次出现高度一致性，但排序靠后元素的一致性则下降。老年群组似乎在各家庭周期阶段中最具排他性。事实上，老年群组对许多项目都只表示出微弱的偏好程度，而另两个家庭周期阶段则表示出中等甚至更强的偏好程度。似乎很明显，体能不足、退休生活以及行动不便等因素，使得许多环境场所对于老年人来说都不那么重要了。例如，工作场所、日托中心或者健身房等，都已不再是老年人界定为与自己相关的行动空间的组成部分了。

不良的场所与硬件

人们在住区里不想拥有的元素少之又少。表 5.1 所示为不同人口群组“不想要的”元素列表，从中可以明显地看出这一点。我们这里讨论的，虽然仅限于各群组中不少于 50% 受访者都不期望的（“不想要的”）元素，但是表 5.1 也包含了至少有三分之一受访者不想要的那些元素。（我们认为，这些元素尽管未必是绝大多数人都“不想要的”元素，但对于规划人员来说也有潜在意义。）

很明显，在环境元素的喜好方面，高收入白人组再次比其余受访者更具排他性。在这个群组不想要的元素中，有许多项目无疑都属于区域范围设施，并且具有潜在的交通、拥挤和其他社会公害隐患。游乐园、公交总站、动物园、运动场、保龄球馆等，这些都是

表 5.1 “不想要的”住区环境元素表

较高收入 白人 （人数 =85）	中等收入 白人 （人数 =80）	中等收入 西班牙裔人 （人数 =59）	中等收入 黑人 （人数 =86）	较低收入 白人 （人数 =88）	较低收入 西班牙裔人 （人数 =55）	较低收入 黑人 （人数 =22）
游乐园	公用线路	宣传板	公用线路	宣传板	宣传板	酒类专卖店
公用线路	宣传板	小巷	宣传板	公用线路[a]	小巷	夜总会
宣传板	小巷	码头[a]	小巷[a]	酒吧[a]	酒吧	小巷
夜总会或迪斯科舞厅	娱乐场[a]	公用线路[a]	娱乐场[a]	夜总会[a]	酒类专卖店[a]	动物园
公交总站	酒吧[a]	动物园[a]	码头[a]		旧货商店[a]	海滩
保龄球馆	夜总会[a]		酒吧[a]			俱乐部或旅馆
动物园	公交总站[a]		夜总会[a]			码头[a]
体育场	旧货商店[a]		公交总站[a]			公用线路[a]
商业或贸易学校	动物园[a]		动物园			公交总站[a]
高速公路入口匝道	体育场[a]		体育场[a]			
码头[a]			海滩[a]			
酒吧[a]						
旧货商店[a]						
溜冰场[a]						
小巷[a]						
百货商场[a]						

[a] 抽样群组中，大于或等于三分之一且少于一半的人“不想要的”元素。其余元素均为至少一半受访者“不想要的”。

高收入群组拒绝的环境元素。

在高收入群组反感的其他场所和硬件中，有些项目其他群组也同样不喜欢。比如，小巷、宣传板和公用管线等——均为内城区（以及老旧郊区）环境中最普遍存在的元素——似乎都是最为常见的公共隐患，不过，所有低收入群组和中等收入西班牙裔群组，似乎都更能容忍头顶上的高架公用设施管线。低收入黑人甚至对宣传板好像也不太介意，但是却不希望自己的住区里有酒吧、夜总会、酒类专卖店或俱乐部和旅馆等设施[6]。在按照不同家庭周期阶段进行详细列表时（表5.2），宣传板和公用管线位居不受欢迎元素的榜首。二者同属于环境硬件分类，又都与环境的感知质量有关。有子女家庭还表示对小巷有些反感——可能出自对孩子安全方面的考虑。老年人不希望住区里有迪斯科舞厅、夜总会、酒吧或鸡尾酒餐厅等。

表5.2 各家庭周期阶段“不想要的”住区环境元素列表

有子女家庭（人数=256）	无子女家庭（人数=117）	老年（人数=102）
宣传板	宣传板	宣传板
公用线路	公用线路	公用线路
小巷	小巷[a]	迪斯科舞厅或夜总会
游乐场或集市场地[a]	体育场或体育馆[a]	酒吧获鸡尾酒廊
迪斯科舞厅或夜总会[a]	动物园[a]	动物园[a]
动物园[a]	娱乐城或集市场地[a]	小巷[a]
公交总站[a]	酒吧或鸡尾酒廊[a]	码头或船坞[a]
酒吧或鸡尾酒廊[a]	公交总站[a]	体育场或体育馆
码头或船坞[a]	码头或船坞[a]	酒类专卖店[a]
体育场或体育馆[a]	旧货商店或二手店[a]	海滩[a]

[a] 抽样群组中超过三分之一且少于一半的人“不想要的”元素。其余元素为至少一半受访者“不想要的”。

他们之所以反感这些场所，大概是因为，这些场所会招致拥挤的人群，从而产生噪声、交通和鲁莽行为等问题。此表中其他项目与表 5.1 所示项目十分相似，而且这些元素虽然不是绝大多数群体一致“不想要的”，但的确有少数人认为这些项目不受欢迎，无论从人口群组还是从家庭周期阶段来看都是如此（图 5.4、图 5.7~图 5.9）。

目前为止，我们讨论了在某个特定群组内，大多数受访者都想要的或者是都不想要的那些环境设施和硬件。在对这些项目按照提及频次进行排序时，我们曾经暗示存在着某种突显性的次序关系——即某个特定场所或环境硬件受欢迎或不受欢迎的强烈程度。不过，这一显示结果还不够全面，没有包含其余受访者对其拒绝或不置可否到什么程度的信息。同样，这些环境场所和硬件基于所有人口群组和家庭周期阶段综合反馈的排序关系，也没有包含在排序列表内。表 5.1 和表 5.2 旨在对那些参与设计特定社会群体住区的规划人员和设计人员有所帮助，而且元素是按照不同社会群体列举出来的，这样就有望为他们提供一份有用而详尽的清单。我们还认为，公共政策问题影响着所有阶层的人，对于要为城市重编区划法规和小区规划条例的规划人员来说，一个综合性指标可能在操作上更有帮助。为此，我们为这些环境元素设计了综合评分，即：根据每个元素得到的各项总票数的平均值，其中包括：肯定票（“我想要住区里有的”）、无关紧要票（“有没有都行”）和否定票（“我不想要住区里有的”），把这些环境元素按照从 +1 到 –1 的连续值范围进行排列[7]。表 5.3 表示了各个不同的环境场所和硬件元素在居住期待值量化表中的所处位置，期待值范围按照极受欢迎到极不受欢迎排列。这种元素量化处理，也可以看作是某个特定场所与一个人的家或其

表 5.3 不同环境元素的期待指数[a]

环境元素	指数	环境元素	指数
药店		专业办公室	0.52
食品超市	0.91	百货店	
图书馆	0.89	购物街	0.51
路灯	0.88	沿街停车	
公交站		托儿所	0.49
步行道和过街通道	0.86	室外街边长椅	0.48
加油站		裁缝店	0.46
邻里公园		家具或电器行	0.45
邮局	0.85	健身房或健康水疗店	
消防站	0.81	大型城市停车场	0.44
特色食品店	0.79	工作场所	
游戏场地	0.78	动物保健设施	0.39
银行或储贷所		酒类专卖店	0.35
医生诊疗所或牙医诊所	0.77	艺术馆	
干洗店	0.76	学院或大学	0.34
美容美发店		植物园	0.33
小学	0.75	现场表演剧场	0.32
特色店		博物馆	
教堂或犹太会堂		亲戚家	0.30
儿童游乐场	0.72	古董店	0.26
中学		高速公路入口匝道	0.19
朋友家		商业或贸易学校	0.18
餐馆或咖啡店	0.70	俱乐部或旅馆	0.18
高中	0.69	滑冰场	0.14
私人或公共游泳池	0.68	保龄球馆或台球房	0.13
服装店或鞋店		海滩	0.11
五金店	0.66	音乐厅或剧院	0.10
医院或诊所		旧货商店或二手店	0.09
幽静的自然或森林区	0.65	公交总站	-0.05
修鞋店	0.63	酒吧或鸡尾酒廊	-0.07
社区中心		游乐场或集市场地	
警察局	0.62	体育场或体育馆	-0.13
成人夜校	0.59	码头或船坞	-0.17
电影院	0.58	小巷	-0.19
自助洗衣店		动物园	-0.20
家电维修店	0.57	迪斯科舞厅或夜总会	-0.25
自行车道		公用管线	-0.44
“得来速”食品店	0.55	宣传板	-0.64
汽车修理店	0.53		

[a] 高的正分值表示所有群组通常最想要的项目；高的负分值表示所有群组通常最不想要的项目。

他场所之间心理距离的一种度量手段。此外，这种量化也确定了哪些元素是“中性的”，即人们对这样的元素一般都漠不关心或者褒贬不一，它们在整体上的存在与否，都不会对总体的居住幸福感产生多少影响。最后，这种期待值量化还可以用来从操作层面评价住区的实体空间品质，估测场所缺失或恶化的“程度”，这些内容将在随后进行讨论。

场所缺失与场所恶化：空间失谐的两个方面

我们还记得，获取环境认知和环境偏好两方面信息的主要目的，是为了评估当前环境与理想居住环境的良好契合程度。环境如果达到了预期值，就与人们的愿望相符；如果没有达到预期值，就会导致失谐。这里我们重点关注的是空间失谐的两个基本方面：场所缺失和场所恶化，二者都有可能影响居住体验质量。如果人们希望住

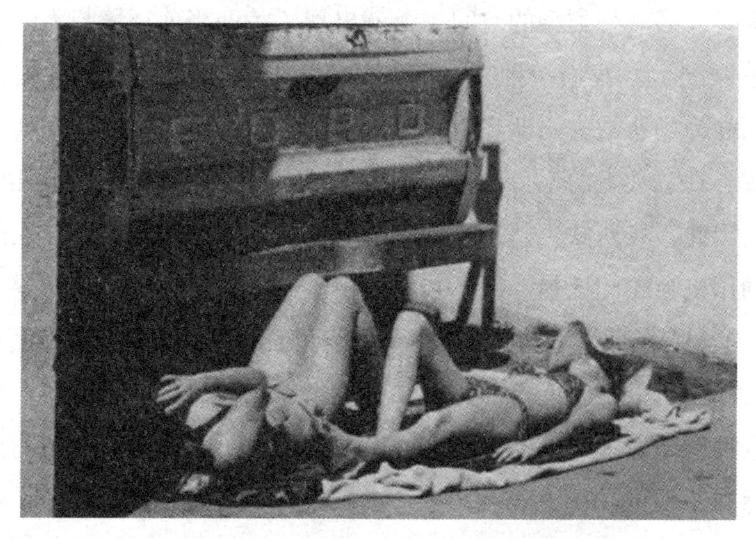

图 5.11 场所缺失实例——威尼斯（低收入白人）

图 5.12 另一个场所缺失实例，场所不足或不起作用——博伊尔高地（低收入西班牙裔人）

区里拥有某些元素，如商店、公园、警察局等，实际上却没有这些元素时，第一种类型的空间失谐就出现了（即当前环境与人们的预期不匹配）。我们按照斯皮瓦克（Spivack，1973）的说法把这种状况称为场所缺失。斯皮瓦克把这种情形归因于功能空间在物理意义或心理意义上的不可达性、相对短缺或者使用特权限制等几个方面。因此，场所缺失是环境缺陷的总和，这些缺陷限制了居民的全面利用机会（图 5.11、图 5.12）。

当人们在环境中拥有了一些不想要的环境场所和硬件，如酒吧、垃圾场、机械加工间等时，第二种类型的场所失谐就发生了。我们称这种情况为场所恶化。环境里某些元素的出现被认为是令人讨厌、反感或不快的（图 5.13 ~ 图 5.19），这时场所恶化就发生了。在操作层面上，我们可以根据理想场所的邻里认知程度和偏好程度来评

图 5.13 宣传板是常见的场所恶化实例——威尼斯（低收入白人）

图 5.14 小巷和电线杆也不受欢迎，另一个场所恶化实例——威尼斯（低收入白人）

图 5.15 附近炼油厂被当作场所恶化实例提及——卡森（中等收入黑人）

图 5.16 场所恶化实例之一——威尼斯（中等收入黑人）

估场所失谐的程度。还记得在卡片分类任务中，对现状和理想居住环境都分别可能有三种不同的反馈吗？将这两个问题产生的可能反馈结合起来，就形成一个表（表 5.4）。在这张表中，有五个单元格显示为中性影响，有两个单元格显示为具有正面效应的环境一致性，另外两个单元格（场所缺失和场所恶化）则显示为在理想环境和现状环境之间存在着负面影响或不匹配。

表 5.5 所示为不同空间谐调和失谐两个方面的组间差异性。在受访者慎重考虑过的七十八个场所和硬件中，看起来有接近半数项目与他们的预期相一致。受访者认为缺失了的场所或硬件在数量上比较少。受访者认为恶化了的场所更是少之又少。我们可以把上述

图 5.17 更多场所恶化的实例——贝尔加登斯（低收入白人）

图 5.18 又一个场所恶化实例——卡森（中等收入黑人）

图 5.19 场所恶化的其他实例——坦普尔城（中等收入白人）

结果解读为一种暗示，即：目前各住区所提供的环境，与我们基于文化对美好居住环境的期待相比，“匹配”之处要多于“不匹配”之处。但是这一结果未必可以当作是对塑造这些住区的市场机制或公共政策的赞美。就像我们很快会看到的那样，那些“不匹配”之处虽然数量不多，但是对塑造居住体验品质却起着重要作用。

表 5.4 环境元素配置现状与理想状态间和谐与失谐的衍生概念

对理想场所的描述	场所现状的描述		
	住区里实际有的项目	住区里实际没有的项目	不清楚
我想要住区有的项目	一致（正面影响）	**场所缺失（负面影响）**	中性（没有影响）
我不要住区有的项目	**场所恶化（负面影响）**	一致（正面影响）	中性（没有影响）
有没有都行	中性（没有影响）	中性（没有影响）	中性（没有影响）

按照收入阶层显示出来的组间差异性，在表 5.5 中应该非常明显。这些数字再次呼应了我们曾经提出来的重要主题，即：空间谐调的程度随收入减少而下降（而空间失谐的程度则随之增加）。不过，这一点仅就场所缺失而言才是正确的。就场所恶化而言，群组之间并没有任何显著差异。在空间谐调和失谐的所有三个方面，三个家庭周期阶段间的差异性都相对较小，没有统计学意义上的显著性[8]。

表 5.6 列举的环境元素，都是各个群组内至少 50% 的受访者想要在住区里拥有、而实际上却没有的项目[9]。我们在前面曾得出结论：“场所缺失”的程度与收入密切相关，这些列表正好为这一结论提供了细节信息。高收入白人受访者表示，他们的住区根本不存在任何场所缺失，而低收入的黑人和西班牙裔人受访者则给出了一个很长的缺失元素列表。确实，你一定会注意到在每个收入群组内，非

白人群组的列表比其对应的白人群组列表都多少要长一些，反映出由于少数族裔身份的缘故而实际存在或感受到的一种缺失现象。

我们的数据信息虽然清楚地显示出低收入与缺失元素数量增加直接相关，但是，低收入群组感到缺失的那些元素的特性却令人惊讶。那些缺失元素总体来说根本不属于邻里便利性设施。低收入群组感觉缺失了的场所，如博物馆、艺术馆、百货公司等，全都是传统上认为的区域服务内容，而不是邻里定位的服务内容，而且客观地说，在我们所研究的住区中，没有一个可以说是“拥有”这些设施。我们对此的解释是：这些反馈反映出这些群组缺少区域范围的流动性，也就是说，他们认为自己过于孤立于区域性的舒适性设施之外。这些元素对于低收入群组来说也是不易接近的，其原因虽然有很多，比如距离远、花费多、没有时间参与，或是享受这些设施必须克服的心理障碍等，但是我们认为，这些列表也意味着低收入群组在体验上的普遍缺失。

我们前面曾提出来过，环境场景与硬件的理想配置与现状配置之间匹配或不匹配程度，可以说明整体的居住满意度和幸福感。斯皮瓦克（Spivack，1973）的“原型空间”理论隐含了这一观点，米切尔森（Michelson，1968）提出的“心理和谐”思想也是这种观点。坎贝尔等人（Campbell et al.，1976）在研究生活体验领域满意度的普遍性理论时，也强调了认知标准在决定不同生活体验满意度时的作用。我们的研究调查结果证实了这一观点。表 5.7 清楚地表明了空间和谐与失谐和居住环境评价之间的关联特点。肯德尔系数（Kendalls' tau）是变量之间联系强度的一个度量标准，所以，这里显示的数字表明，在住区评价中，缺失感可能要比恶化感作用更大。

表 5.5 各人口群组和家庭周期阶段空间和谐与失谐的各方面[a]

各人口群组平均值							
空间和谐与失谐的各个方面	高收入 白人 （人数 =85）	中等收入 白人 （人数 =80）	中等收入 西班牙裔人 （人数 =59）	中等收入 黑人 （人数 =86）	低收入 白人 （人数 =88）	低收入 西班牙裔人 （人数 =55）	低收入 黑人 （人数 =22）
一致场所数量	48	45	46	43	39	36	39
缺失场所数量	7	8	10	10	12	14	24
恶化场所数量	3	4	4	4	4	4	3

各家庭周期阶段平均值			
	有子女家庭（人数 =256）	无子女家庭（人数 =117）	老年家庭（人数 =102）
一致场所数量	43	44	40
缺失场所数量	11	10	10
恶化场所数量	3	5	3

a 含有双向方差分析的多重分类分析得来的校正均值显示，这些数字几乎没有变化，因此表中所示均为未经调整均值。双向方差分析同时引入人口群组和家庭周期阶段两个因素。

表 5.6 不同群组的场所缺失与场所恶化

高收入 白人 （人数 =85）	中等收入 白人 （人数 =80）	中等收入 西班牙裔人 （人数 =59）	中等收入 黑人 （人数 =86）	低收入 白人 （人数 =88）	低收入 西班牙裔人 （人数 =55）	低收入 黑人 （n=22）
场所缺失（想要，却没有的项目）						
—	自然或森林保护区	自然或森林保护区	工作场所[a]	自然或森林保护区	植物园	古董店
	自行车道[a]	艺术馆[a]	艺术馆[a]	博物馆[a]	动物康复设施[a]	百货店
	开放空间[a]	表演剧场[a]	表演剧场[a]		百货店[a]	商业街或广场
		植物园[a]	自行车道[a]		商业街或广场[a]	专业办公室
		游乐场[a]	电影院[a]		演出剧场[a]	商业或贸易学校
		自行车道[a]	滑冰场[a]		音乐厅或剧场[a]	学院或大学
					游乐场[a]	工作场所
					自行车道[a]	艺术馆
					大型城市停车场[a]	博物馆
					滑冰场[a]	演出剧场
					公交总站[a]	俱乐部或旅馆
					开放空间[a]	自行车道
					自然或林区[a]	保龄球馆
						电影院
						开放空间
						自然或林区
						动物护理设施[a]

						家电维修部[a] 服装店或鞋店[a] 家具或家电行[a] 五金店[a] 餐馆或咖啡馆[a] 植物园[a] 音乐厅或剧场[a] 动物园[a] 游乐场[a] 游戏场地[a] 健身房或水疗馆[a] 大型城市停车场[a] 码头或船坞[a] 儿童游戏场[a] 体育场或馆[a] 公交总站[a] 高速公路匝道[a] 宣传板[a]
场所恶化（有，却不想要的）						
公用线路[a]	公用线路 宣传板	公用线路[a] 小巷[a] 宣传板[a]	公用线路[a] 宣传板[a]	公用线路[a] 酒吧或鸡尾酒廊 宣传板	小巷 酒类专卖店[a] 酒吧或鸡尾酒廊[a] 宣传板[a]	酒类专卖店 小巷 酒吧或鸡尾酒廊 体育馆

[a] 不少于三分之一且不多于二分之一的受访者确认的环境元素。其余项目由一半或以上受访者确认。

表 5.7 住区总体评价和空间和谐与失谐的三个度量标准之间的关联系数（Kendall's Tau C）[a]

	前五组（人数 =398）	全部群组（人数 =475）
“一致的”场所总数	-0.21[b]	-0.21[b]
“缺失的”场所总数	0.22[b]	0.22[b]
“恶化的”场所综述	0.03	0.02

[a] 评价值：1 代表优秀；2 代表良好；3 代表中等；4 代表一般；5 代表不好。因此，关联系数为负，表明一致的场所数量越多，对住区的评价越好。同样，关联系数为正，表明缺失或恶化的场所数量越多，五分差值评价分类越糟糕。
[b] 显著水平为 0.001。

理想场所与硬件的距离阈值

最后，我们来看看另一个操作性问题，即：大多数实体规划师和设计师们可能都会问到：这些场所和硬件应该位于距家多远的地方才好呢？令人满意的距离阈值是多少？我们虽然没有向受访者直接询问这些理想元素的可接受距离是多少，但可以间接地估算出一些理想距离的近似数值。我们向受访者提问：到达住区最远端需要花多长时间[10]？根据对这个问题的回答得出理想距离的近似数值。我们利用这一信息的方式是：如果一个人表示到达其住区最远端需要花 x 分钟时间，那么我们就认为，这个人希望住区里“拥有的”场所和硬件，在理想情况下就应该位于不超过 x 分钟的行程距离之内。在聚齐这些个体反馈之后，我们选择以“中位数”作为相应的数值标准，因为这一数值可以为规划人员提供某种意义上的阈值，也就是说，这是可以使至少 50% 的居民都感到满意的最大值。由于受访者可能采用不同的出行方式——步行、骑自行车、驾车、骑摩托车、乘公共汽车等，所以用路上消耗的来表示距离值（以分钟为单位），而步行和开车是两种最主要的选择模式，因此，距离阈值表示为两个不同的图表，分别代表了步行和车行两种出行方式（图5.20、图5.21）。因此，可以这样说，大多数通常开车出行比如去购物的人，如果他们是高收入白人，就会在少于9分钟时间的车程内找到一家药店或一个食品超市；如果他们是中等收入白人或较低收入的西班牙裔人，就会在10分钟车程内找到药店或食品超市；如果他们是中等收入的西班牙裔人，所花时间就会少于6分钟；如果他们是低收入白人，所花时间就会少于5分钟等。图5.20、图5.21

场所	组别（按距离由近及远）
药店	B D EG C F A
食品超市	B DG E C F A
图书馆	B EG C DF A
消防站	B CD G EF A
公交站	B D CE G F A
邮局	B C G FDE A
邻里停车场	B G D C EF A
干洗店	B G DE CF A
加油站	B G D C EF A
银行或储贷所	B D G C E F A
医生诊疗室或牙医	B G C DE F A
小学	B G C FDE A

0 5 10 15分钟

图 5.20 不同人口群组驾车去往最受欢迎场所的距离均值。A代表高收入白人组；B代表中等收入白人组；C代表中等收入西班牙裔人组；D代表中等收入黑人组；E代表低收入白人组；F代表低收入西班牙裔人组；G代表低收入黑人组。

药店	E CD A BF
食品超市	E C D A BF
图书馆	E C D FAB
消防站	CE D A BF
公交站	CE D A BF
邮局	E CD FAB
邻里停车场	CE D FAB
干洗店	E CD FAB
加油站	E C D A BF
银行或储贷所	E CD A BF
医生诊疗室或牙医	E CD FAB
小学	CE D FAB

图 5.21 不同人口群组步行去往最受欢迎场所的距离均值。A 代表高收入白人组；B 代表中等收入白人组；C 代表中等收入西班牙裔人组；D 代表中等收入黑人组；E 代表低收入白人组；F 代表低收入西班牙裔人组；G 代表低收入黑人组。

表示了 12 个元素[11]的距离阈值，这些都是所有收入群组和家庭周期阶段最强烈想要的元素，在一定程度上具有一致性。

应该注意的是，不同场所和活动的距离阈值在特定群组内的变化虽然很小，在某些情况下甚至没有变化，但是，群组之间的差异性却相当显著[12]。不过，与住区地图规模大小不同的是，距离阈值随收入差异变化没有明显的规律性。

尽管如此，步行时间阈值与驾车时间阈值的对比，暗示了物理距离上的实质性区别。例如，对于中等收入白人来说，一段五分钟的步行路程，就是一间食品超市或药店的距离阈值。假设人的步行速度为每小时 3 英里，那么步行 5 分钟就相当于两个普通的城市街区距离。但是，对于同一群组来说，大多数的开车人则会认为，少于 10 分钟的车程是可以接受的。假设驾驶汽车每小时平均速度为 20 英里，那么十分钟车程距离就相当于大约 25 个普通街区。对于从事实际操作住区规划的规划人员来说，这并不会造成异常。我们不指定这些数值作为精确的标准，而只是起到指导作用。规划人员可以根据密度、位置、内城还是郊区场地，以及对未来住房消费者的生活方式、生命周期和驾驶习惯等方面的假设情况，来选择自己的决策规则。另外，规划人员可以采用两个阈值中的较小数值（步行时间），而且还可以确信，这一数值对于大多数开车人来说也会是令人满意的[13]。

最后，我们把这些距离阈值与《邻里规划》中规定的数值加以比较，从而使这一讨论更加完整。我们发现，就所有可以用来比较的现有距离标准来说，本研究得出的数据都与以前编制的标准相符合，而且在某些情况下，还恰好处于那些标准的范围之内，如表 3.6 所示。这种一致性在很大程度上是对《邻里规划》标准的肯定。不过，在少数情况下，早期标准如今显然也让某些社会群体的大多数成员多少感到不满意。

摘要与结论

本章试图把重点放在住区的实体构成上。假设一个良好的住区不仅取决于社会背景或住房条件，还取决于各种各样的环境场所和硬件，这些环境场所和设置在日常活动中既令人向往也必不可少，而且还是居住生活品质的组成部分。基于这一假设，我们试图确定合乎这些目的的场所和硬件都有哪些。在按照人口群组和家庭周期阶段确定这些元素的过程中，我们还研究了场所和硬件的居住期待量值，这个量值代表了各个不同场所与人们住所之间的心理距离。

居住环境清单，一般来说既可以用来评价现有居住环境，也可以用来建立改善目标和优先事项，而居住场所的量化手段则会使上述作用更为具体。

空间特征影响着人们对自己住区的感受以及整体幸福感，为了确定这些空间特征的重要性，我们探讨了**空间和谐**的概念，即一个住区所提供的环境与居民期望值的契合程度。在这一语境中，我们引入了**场所缺失**和**场所恶化**两个概念，连同还有场所一致性的概念，作为空间和谐的操作性判断标准。结果表明，至少空间一致性和场所缺失的判断标准与住区综合评价值显著相关。数据信息进一步表明，场所缺失的判断标准甚至可能比场所一致性判断标准更能预测出空间评价情况。

最后，我们尝试建立某些操作性的距离阈值判断标准，用以评测不同人口群组的理想场所和硬件。当前，规划人员和设计人员正致力于研制小区规划、建立居住区划法规，或者提议改善内城区邻里状况等各种实践活动，我们希望这些距离阈值会为他们提供实践上的指导作用。

关于边际偏好与绝对偏好间差异性的几点说明

居住环境品质的各种差异性清楚地表现在多个方面：邻近居民的社会接受度、居住环境的规模以及各收入群组的活动数量等，鉴于此，对容易混淆的内容做一补充说明非常重要。在调查中，我们频繁地要求人们评价各自的环境，或“保有状态”。此外，我们还请他们告诉我们，在可达性、外部环境品质、场所和硬件等方面，他们希望拥有的项目都有哪些。收入群组之间的差异性非常明显。但是，我们从受访者那里了解的内容“正确”吗？他们的反馈带有多大的倾向性呢？造成倾向性的原因包括诸如接触（或没有接触）过理想住区、有乐善好施的邻居、呼吸过良好的空气质量以及各种易达性等，还有教育、工作机会等。所有这一切都可能影响到反馈类型。

因此我们认为，读者应该记住，进行辨别很重要，我们在思考过这些反馈到底意味着什么之后，才逐渐领悟到这一点。举例来说，我们必须在“边际”偏好和“绝对”偏好之间加以辨别。**绝对**偏好衡量的，是为实现某些理想而必需有的基本优先事项，或者是某种居住属性的总体程度或者数量。**边际**偏好衡量的，则是受访者为实现那个理想，在除了已经拥有的项目之外还必须有的优先事项或数量。因此，当人们说起自己的偏好和优先事项时，我们就应该搞清楚，他们所指的到底是哪种类型的偏好。

此外，我们还应该知道是什么决定了偏好。如果居住偏好完全由生活方式、社会风俗以及家庭生命周期阶段等方面的差异性决定，那么，调查反馈就可以简单明了的方式进行解读。但是，如果偏好还依据人们对现有居住环境（以及自己的保有状态）大致了解了多少，那么，我们就还必须搞清楚，人们目前对每个环境属性究竟拥有多少，或者了解多少。如果在了解和“保有”之间目前还存在偏差，那么这些偏差就会引起偏好表达上的偏差。

后一种情况带来一些令人困惑的问题，涉及上文讨论过的文化多元化观点。如果收入差异使不同社会群体要求有不同水平的居住环境品质，或者，如果社会歧视和种族隔离现象也导致了同样的结果，那么，在其他条件都相同的情况下，不同群组表达的任何边际居住偏好上的差异性，都可能仅仅是收入和社会不平等性的结果，而且很可能并没有反映出任何“真实的”偏好差异。

因此，当前的居住不平等性就成为以下各项工作的一个突出考虑因素：（1）理解当前满意度水平、未来偏好和优先改变事项等方面的各种差异性；（2）为不同社会群体的未来居住环境制定标准；（3）解决那个棘手问题：如果不同社会群体目前对居住舒适性设施的“保有”程度不同，那么如何才能实现居住资源配置的公平性？为此，我们不仅展现了每个群组的居住印象、评价和爱好，同时还尝试显示出每个群组的“基准”保有状态，从而力求坦诚地面对读者。这样，我们就能使读者对这些反馈中固有的边际偏差与绝对偏差做出心理调节，不过，我们还不清楚如何才能准确地纠正这些潜在的偏差。尽管如此，在第7章阐述良好居住环境的规范模式中，我们会以更规范的方式来论述政策对这些不平等性产生的影响。

注释

1 迈尔·斯皮瓦克（Spivack，1973）在巴克的“行为场所”概念基础上创建了“原型空间”理论，他参考巴克的精确而具体的定义表达了类似观点。

2 仿效**邻里硬件**这个术语，该术语由史提夫·皮尔斯（Pierce，1976）在对我们的数据信息进行分析时提出来。**邻里硬件**一词虽然可能更为文雅，但对于我们来说，却意味着会无意产生间与“邻里单位”及其相关原则相关联的风险。

3 除了那些用“环境硬件”描述最为贴切的元素外，所有场所都对应于一个或多个活动，这些活动可能对居住满意度和幸福感都产生过一定影响（Chapin，1974）。

4 只有受到四个或更多个群组欢迎的场所和硬件才包含在本表内。受到三个或更少群组欢迎（通常比较微弱）的场所和硬件，按集体期待值排序依次为：体育馆或健康水疗馆；酒类专卖店；表演剧场；旧货商店或二手商店；植物园；俱乐部或旅馆；保龄球馆或台球房；公园或游乐场；海滩；溜冰场；古玩店；博物馆；体育馆或体育场；客运站和小巷等。

5 在少数族裔群组间，似乎对非居住土地用途的宽容度较高，这种高宽容度究竟是源自于他们目前环境充斥着各种土地用途的体验，还是源自于远离许多这样设施的孤立感，一切都只是猜测。我们的数据信息尚不足以对此给出定论。

6 他们也不想住在动物园附近（这个愿望可以理解），但是为什么不愿意靠近海滩呢？通常人们都认为海滩是一种舒适性设施。这种不愿意靠近海滩居住的思想，是否反映了一种靠近海滩居住就需要高生活成本的想法，抑或是反映了一种对寻求休闲的拥挤人群及其所造成的交通拥堵的反感，对此我们尚不清楚。

7 由于最后两个群组的反馈存在着令人疑惑之处，所以我们这里只选择使用了前五个人口群组（即不包括低收入西班牙裔和黑人受访者），这一点另外讨论过。在这个综合指标形成过程中，对忽略掉的群组进行加权，形成各家庭周期阶段在同样规模人口群组内的统一比例分配。要指出的一点是，在这个综合样本中，按照收入阶层（忽略族裔差异）的比例分配分别为：1（较高收入）：3（中等收入）：1（较低收入）；按照家庭周期阶段的比例分配分别为：2（有子女家庭）：1（无子女家庭）：1（老年家庭）。我们假设这个比例分配接近于都市地区的人口统计学特征概况。

8 当然，不同的加权方案产生的元素排序会多少不同。当在双向方差分析框架中同时引入家庭周期阶段时，人口群组效应对于场所一致性和场所缺失两个变量都呈 0.001 的显著性水平（分别使用前五个群组和所有七个群组）。家庭周期阶段效应在所有情况下都不显著。未发现任何显著的相互作用。

9 当按照不同家庭周期阶段进行组织时，在场所恶化和场所缺失列表上出现的项目寥寥无几，而且每个组别中只有不到一半的受访者对其中的大部分项目表示认同。因此，本书没有包含这样的列表，因为对我们的讨论不会增加任何意义。

10 参见附录 A 的问题 8A 和 8B。

11 在十四个最受欢迎的元素中，有两项——“路灯”和“步行道及步行过街通道”划入“环境硬件”分类。距离阈值的概念对于这两个元素来说没有特别意义。因此，图 5.20、图 5.21 没有包含这两项。

12 不过，我们对社会群体间的这些差异性还不能做出很好的解释。我们没有发现在这样的群组间差异性中存在任何明显的规律性。

13 例如，根据《邻里规划》标准，娱乐设施应该设置在 20 分钟行程内（表 3.6），这远远高于诸如邻里公园这样的娱乐相关设施的距离阈值，如表 3.6 所示。

6 总结：调查结果的综合考量

现在总结一下前面涉及的内容。在前面三章里，我们阐述了筛选出来的调查结果，这些结果都是关于洛杉矶二十二个邻里的居民对各自居住环境的感受，以及他们的居住需求、意象、价值观念和优先事项等。我们分别在三个不同的参照框架下探讨了居住环境的概念：第 3 章试图从最宽泛的意义上捕捉住区的本质，以便涵盖其对不同个体所具有的不同的意义和功能，这一章重点是与居住有关的**环境**，包括社会方面、物质方面、功能方面以及象征方面等；第 4 章着重论述了住区的**形式**，这一章探讨了隐含在受访者认知地图中的住区空间和领域规模；最后，第 5 章详细考察了住区作为日常活动**场所**的作用，这一章确定了有哪些环境场所和硬件是属于住区的，又有哪些应该排除在住区之外。

上述每一个观点都承载着对公共政策的影响。对居住环境的定义以及种种描述，提供了不同居民群体各自关注的问题和优先事项，这些关注问题和优先事项都有助于我们确定制定政策的领域，借此寻求居住生活品质的改善。另一方面，住区意象又为创造居住空间特色带来重要启示。在住区里，有哪些环境场所和硬件是人们想要（或不想要）的，有关这方面的数据信息提供了操作层面的依据，可以用以确定合理的土地利用、公共设施以及选址位置等方面的标准。

在探讨未来居住规划和设计的具体建议之前，有必要先来回顾一下调查结果中的突出要点。这样做的目的，不仅是做一个全面性的总结，而且还要把环境、形式和场所这三个层面的感知有条理地联系起来。这样也正好可以检验这些感知随收入、族裔和家庭周期阶段不同而产生的各种根本性差异。收入、族裔和家庭周期阶段是我们对受访者进行分类的三个主要维度。因此，接下来的讨论将综合阐释这一切对于我们的意义所在，并为第 7 章将要提出的具体建议和推荐方案奠定基础。

调查结果及其启示

住区的环境作用

在第 3 章，我们尝试分析了受访者对所在住区的印象。在制定初始问题时，我们使用的是**住区**一词，为的是避免受访者受到影响，去判断自己住的地方是不是“邻里”（其内涵和外延的判断也会随之而来），而且我们采用的也是非指示性的、开放式的提问方法，以免对问题反馈的性质或方向产生预判。事实上，我们希望能够找到可供选择的住区构想（如果真的存在的话），那样就可以更好地评判邻里单位思想的得失，也可以确定是否应该为环境设计行业制定备选模式。

实体设计定位尽管也是研究目的之一，但是我们发现，受访者用来组织概念的主导性手段通常是社会分类，而不是实体设计，他们在进行描述时最容易想到的词语通常是社会阶层，或者“住在附近的那种邻居”。我们还发现，实体设计在居住环境中也起着重要的作用，而且创造了显著的效果，只不过既不是创作者曾经设想的那种作用，也不是实施者原本想要的那个效果。最后，我们发现还有一些地方也与住区思考有关，却没有包含在原来的设计思想里。

总体来说，中高收入受访者在描述自己的邻居时都赞赏有加。但是低收入群组更常提到的则是邻居的**多样性**，邻居中有许多人他们并不喜欢或信任，甚至还对某些邻居明显表示害怕。事实上，**邻居**的概念在这个层面上基本上消失了，取而代之的，是一种只是同住此地的“其他人”的感觉而已。

提到恐惧，又引出另一个对所有受访者而言都至关重要的问题：个人与财产安全。住区的“安全”程度是所有收入群组都关心的问题，但关注的程度因收入而异。高收入群组在这方面提到的是财产安全（财物抢劫），而中低收入群组则越来越强调人身安全（行凶抢劫）。不过，只有极少数受访者把这些问题与住区的实体特征或设计方面联系在一起。

社会环境与个人 / 财产安全虽然是最重要的外部环境特征，但空气质量也备受关注。所有群组的受访者都频繁地提到是否有烟尘和脏空气。显而易见，烟尘或脏空气的出现（或没有）要归因于住区坐落位置的特殊自然条件，而不是局部的设计特征。

受访者也提到了住区的舒适性设施和便利性设施情况。总的来说，人们在住区便利性方面做得似乎好于舒适性方面。只有富人对所处环境中的高水平舒适性设施赞不绝口。中等收入群组拥有的环境舒适性虽然较少，但是他们认为，自己至少处于大多数公共和私营设施都很便利的位置上。遗憾的是，低收入群组尤其是少数族裔群组，甚至连这样的位置优势都没有提到过。

对实体空间的感受是一再出现的主题，但显然不太重要。在这方面，人们提到的是自己住区的“外观”和“感觉”。高收入群组不出所料地再次对所在住区的外观和氛围表示满意，他们赞美住区的景观、自然美景、实体布局以及专属的土地用途。中低收入的人们主要谈论的，则是缺少令人愉悦的感官品质和缺少场所感。他们通常担心噪声、交通、尘土、垃圾、没有铺砌的街道或者糟糕的街道照明等问题。对于富人来说，实体空间似乎是社区认同感的重要组成部分，但是其他群组并没有做出这样的表态。

有趣的是，公共基础设施作为邻里单位理念的主要焦点，其坐落**位置**相比与其相关的服务质量来说，被提及的次数要少。可见，一个公共设施究竟设置在什么地方，或者如何与住区实体设计整合，关于这些方面的投资决策在受访者心目中好像并不重要，反倒是设施一旦建好之后的年度运营决策，或者设施所提供的服务质量这些问题更为重要，不论其位置设在哪里。

总的说来，这些居住环境问题都可以转化为全部受访群组的共同特征，这一点从居住满意度和优先事项的数据信息中就可见一斑。也就是说，如果把居住环境看作是一个各种属性的“集合”，其中的一部分属性与**外界环境**品质有关，另一部分属性代表了**可达性**机会，那么，通常都是外界环境属性的排序要高于可达性属性的排序（Banerjee et al.，1974）。不出所料，大多数受访者都表示对外界环境品质更不满意，而且优先事项也确实与当前满意度逆相关。但是，富人重视外界环境的程度也超过了重视可达性的程度，尽管他们对二者都同样表示满意。那么，这些优先事项是否有可能与现存满意度水平无关呢？

邻里思想和《邻里规划》都以物质决定论信念为前提，也都旨在创造融洽而富有支持力的社会环境。那么，这些调查结果对于邻里思想和《邻里规划》究竟意味着什么呢？从表面上看，实体环境设计似乎在所有直接意义上都不重要。当然，长久以来，许多社会学家也是一直这样告诉我们的（Gans，1968；Keller，1968；Webber，1963，1964）[1]。然而，我们在这里却想要表明，在间接意义上，设计还是很重要的，而且，设计师们的直觉也往往都是正确的，只不过他们强调的重点时常发生错位而已。

首先，在创造融洽而有支持力的社会环境方面，设计本身并不如设计**成本**那么重要，因为设计概念向三维实体形式转化所需要的成本，具有极大的影响力，决定着一个住区是哪些人可以住得起的，其邻居又会是哪些人。**简而言之，设计决定了成本，成本又决定了居住者，而居住者则决定了居住满意度**。本章结尾将回来继续讨论这一主题。

其次，犯罪与安全问题虽然不是邻里单位原则的基础，却与设计理念有关。犯罪与实体环境之间的联系最近才有人正式提出来（Gold，1970；Ward，1973）。纽曼（Newman，1972）认为，场地规划和建筑设计都能通过创造“防御性空间”而防止或助长犯罪活动，这一观点对于决策者来说颇具意义[2]。尽管受访者更为关注实施犯罪的人，然而未来模式的居住设计和规划应该给予关注的，则是那些可能对犯罪率产生影响的实体环境特征（比如是否存在没有照明又无人监管的小巷等）。

设计与形式的第三个方面是公共与私营设施的坐落位置。受访者在这方面经常提出来的关注重点，与最初邻里概念中预计的那些问题有所不同。邻里设计构想的成功尤其体现在学校选址方面，学区规划人员所采用的邻里单位原则，显然已经形成一种成功的学校选址模式，这一点，从学校可达性在大多数住区位置和大多数社会群体间都获得了极高的满意度就可见一斑。另一方面，中等收入和部分低收入居民频繁地提到了购物便利性，这可能要更多地归功于私营市场的力量，而不是公共规划，因为购物活动常常发生在购物中心，其规模之大是邻里单位的创始者们未曾预想到的，那时，他们在很大程度上还是按照“爸妈”便利店（“ma and pa”）这样的模式进行思考[3]。在这一点上，收入再次影响到以“有效需求”为基础的位置选择。一言以蔽之，购物中心布局通常是区域性视角起作用的结果，而不是邻里定位的结果。

此外，强调邻里单位范围内的设施位置和设施类型，会忽视受访者提到的居住生活中一个更为重要的侧面，即该位置上各种服务的质量。受访者更愿意为追求服务质量而舍近求远，这就使设施的临近性不如原初概念曾经认为的那么重要了。原初概念也没有包含全方位的居住服务，受访者却认为在自己的参照框架中这些都很重要。治安与消防保护、垃圾回收、街道维护等，都包含在受访者的住区品质概念和他们对住区的评价里。

最后，城市生活的复杂性表明，隐含的大都市视角同地方邻里视角一样必不可少。前面已经提到过购物中心的开发商和租户们的区域性视角（而且，多半情况下他们显然都很成功，这一点从受访者满意度就可以判断出来）；空气质量则是另外一个例子。虽然空气质量是受访者关注的一个重要问题，但是仅仅从邻里设计的角度并不能成功地解决这个问题。诚然，近期有研究表明，局部的空气质量可以通过交通管制和创建步行区而有所改善（Thullier, 1978），但是，最大化的改善却只能在区域性的空气区层面才能实现，这远远超出了住区设计人员的操作范围。同样，犯罪与公共安全问题也只有在城市层面才能更好地解决，而不是在邻里层面上。在邻里层面，设计只能起到防止犯罪的作用，却不能从根本上清除犯罪的社会根源。

事实上，在居住属性集合中，可达性和外界环境构成之间的优先事项次序清楚地表明，那些最重要的事项很大程度上都受到城市范围政策的影响，而不是像邻里单位思想设想的那样，受局部的改善措施所影响。这表明，与局部改善措施本身相比，大型都市社区的实体形态和社会生态，对地方层面的居住体验关系更大。一个易达而冗余的实体形式虽然可以增加选择机会，最大限度地提高便利性，但是也会造成外界环境资源的分布不均。这就是受访者满意度和优先事项对洛杉矶都市形态的暗示。除了要关注邻里单位思想中所包含的居住空间之外,关注都市社区的形式和构成也越来越重要。如果要在居住规划和设计中追求社会公平性和分配公正性，那么，探索新的模式就必须从大型社区空间的整体结构和组织入手。

住区的形式

上述调查结果都是从语言反馈中提炼出来的。这些反馈类型虽然可以用以描述和评价事物，却无法表述空间中的物体间关系。借助地图或图解则可以更好地完成这种描述。在第 4 章，我们呈现了受访者绘制的各自住区的认知地图。绘图成果各式各样，有的是示意图和抽象图，有的则细节丰富、形象逼真。描画的图像也是丰富多彩，从单一的街道交叉口到一面街区，再到一个完整的街块，甚至到多个街块的集合等，不一而足。地图表示出来的地域范围五花八门，有的是一群地点、场所以及标志物等松散地串联起来，几乎没有边界感；有的则是一片组织紧密、界限清楚的区域。这些地图共同表明，邻里单位思想中曾经认为的突出特征，仅对少数人来说是重要的。显然，环境设计人员赞同邻里单位思想，煞费苦心地拟定并阐明了高度理性化和层级化的设计路线，然而只有少数受访者遵循着这样的路线来想象住区里的场所和位置。

此外，这些地图在某种程度上也存在组织模式，这一模式从属于城市的路街网格或网络，而不是从属于道路之间的各个细胞式单元。尽管邻里思想强烈谴责汽车带来的破坏以及附属物——噪声、尾气以及对通行权和停车场的滥占滥用（更不用说对行人造成的危害）等，然而受访者却表示，这些事情都是好坏参半，不一定非要谴责。

邻里思想向内寻求单一的重要核心，受访者在地图上显示的则是多样化的节点。邻里思想利用交通主干道作为边界来排斥其他邻里，受访者绘制的地图则是没有边界的、开放的、与城市的毗邻部分连在一起的街道系统。邻里思想试图控制汽车，限定汽车主要在外围主路上行驶，因为外围主路本身也与家庭生活格格不入，还具有破坏性。然而受访者却在相当大程度上重视汽车，因为这一“恶魔”在城市体系中起到了主要的交通联系作用。受访者绘制的地图似乎都强调了**沿着**这些主干路线发生的**城市**互动，而不是邻居之间的**村落**互动。如同邻里单位的支持者们所强调的那样，村落互动是在居住街区内部发生的。

这里似乎存在一个悖论。第 3 章阐述的语言反馈强调了住区在社会性定义方面的优势，意味着居民之间存在互动，因而，我们原本预期地图上会频繁地出现有关住宅的素描。然而，绘图反馈强调的却是街道系统，表明交往路线是沿着街道展开的，而不是在住宅之间展开的。究竟哪一个更重要呢？或者，这两种不同的反馈方式仅仅是让受访者分别突出了居住生活中重要而不同的侧面？我们认为，地图上所表示的，正是语言反馈所暗示的重要实体对象（与社交互动形成对照）。此外，邻里单位强调的是住宅、社区中心、购物中心、学校等，与此相反，在地图上最突出的实体对象却是街道，这可能是因为街道是这些物体之间保持联系的主要物理方式的缘故。也就是说，人们认为重要的，正是把人们和各种各样的目的地联系起来的街道系统，而不是目的地本身。如果有人把使用频率也在地图上标记出来的话，那么这一点可能就不那么令人吃惊了。所有出行都离不开街道，而商店、学校、医务室等实体对象，则只有在目的特别明确的出行中才是重要的。

街道系统虽然对于所有群组来说都是显著标志物，但是这种标志性也存在群组间差异性。例如，如同语言描述中的情形一样，高收入群组绘制的住区地图也是最详细的。他们在地图上表示了极为丰富的环境舒适性设施和资源，差不多就是环境设计人员预想中的完备住区。相反，中低收入群组则想让人们关注作为自己住区突出方面的商业机构。确实，特许经营店的名称和其他的企业招牌虽然是邻里单位思想所始料未及的，甚至超出了其涵盖范围，但是这样的特征却在这些住区景观中都起到了重要作用。主要购物中心的标志性特点进一步强调了商业机构的重要性，其服务区域覆盖的区域范围，可以包含数个传统邻里单位，而且其作为重要节点的突出作用也为所有收入群组所认同。

公共设施虽然也受到受访者关注，但是通常都被认为是不太重要的标志物，尽管邻里单位思想也赋予其重要意义。

因此，我们注意到邻里思想有一个重要疏忽，事实上，这个疏忽在许多环境设计人员中也普遍存在。通常情况下，设计标准都把公共设施作为首要关注对象（尽管充足的商业停车也被看作是设计师关注的一个方面），然而受访者更为关注的却是私营设施，包括企业或品牌的名称。人们对品牌名称（如麦当劳或兴旺药店等）的提及可能意味着，环境和居住品质的重要意义要远大于设计师们认识到的那些。环境设计人员可能认识到了人们对快餐连锁店或药店的需要，但是却多半没有认识到还有品质上的差异。私营机构不吝巨资，帮助消费者感受到品牌间的不同之处，比如麦当劳和汉堡王（Burger King）、兴旺药店（Thrifty Drug）和雷克索尔药店（Rexall）等都各不相同。社区公园不可能因社区不同而有很大的品质差别（设计者只是在规划上要求有一个社区公园，并没有要求公园的品牌名称），然而在居民或消费者的眼里，超市与超市却可能大不相同。

地图上表示出来的住区规模也因收入而异，有时也因种族而异。高收入群组绘制的住区常常都更大一些，超过了邻里单位建议的半英里直径范围。低收入群组尤其是少数族裔群组描绘的住区，则大体上小于邻里单位推荐的规模。此外，邻里规模也不是组织空间的唯一概念，有时，地图上描画的区域包含了许多个邻里，还有一两个区域性购物中心。甚至也有受访者用商业区作为住区和空间认知地图的定位。

一方面是邻里单位思想，一方面是受访者表达出来的各种关注点和意象，其中一部分关注点和意象甚至与邻里单位思想相差甚远，二者之间的种种分歧再次提出了那个基本问题，即：利用邻里思想作为首要的组织策略是否正确？“邻里”真的存在吗？可以肯定的是，受访者表述出来的部分差异性，也许是由于我们在采访的初期问题中选择性地使用了**住区**这个词而造成的。

为了验证这种可能性，又避免因重复提问而使受访者厌烦，我们只询问他们：所在的住区和邻里是否大小不同？如果是，请在同一张地图上画出邻里的范围。这一问题的结果解读起来并不容易，因为40%的人表示二者大小相同，40%的人认为邻里要小一些，而20%的人则表示邻里要更大一些。从结果看，我们最多只能认为：在人们的意识中频繁地出现了一个双重概念，只不过这一概念可能还不很清晰。

不过，尽管人们在规模认识上有些混乱（或者说至少不够一致），然而认为住在邻里中非常重要的人还是略微占多数；更多的人则认为住在邻里中至少有一定的重要性。但是，当我们按照种族来研究这些结论时，结果却令人惊讶：人们原本以为邻里思想是为有子女的中等收入白人（其他民族或种族群体的需要和偏好在构想中没有考虑）而设计的，但是总的来说，少数族裔却比白人更倾向于认为邻里居住比较重要。在这个问题上，家庭周期阶段也非常重要：有子女的父母们与同龄的无子女家庭相比，更倾向于认为邻里居住要重要一些；不过，有趣的是，老年人群组则比其他两个群组更想要住在邻里中。

总的来说，对邻里居住重要性所给出的理由，基本上与人们最初作为自己住区特色而主动提出来的那些特征相类似。也就是说，实体与环境的舒适性、便利性以及购物等尽管也被视为重要因素，然而居于主导地位的则是社会原因（社交活动、友好关系、家庭相关等）。

住区的实体场所

邻里单位思想的优点的确只在于讨论了设计人员可以直接处理的考虑事项。在注意这一事实的同时也要意识到，对于实体设计的所有限制因素来说，住区里各种场地和设施的位置与布局并非完全无关紧要，而且，在假设环境设计人员控制着这些决策权的前提下，我们针对居住环境作为由实体场所和硬件限定的区域进行了具体研究。这里我们的假设是：那些被我们称之为**环境元素**（如加油站、宣传板、公交车站和干洗店等）的实体设施存在与否，都肯定能促进居住满意度和幸福感的提升，而且我们想要了解的是，这些元素中有哪些在住区内是受欢迎的，有哪些最好处于住区之外。第5章曾经探讨过这些问题。

在这一点上，我们发现在群组间存在着好恶相似的核心项目，也发现在核心项目之外存在着明显的分歧之处。由于我们的目的是既要按照收入、种族和家庭周期阶段来提供具体的元素清单，用于设计师参考，还要指出不同元素受偏爱的强弱程度，因此，我们在这一部分处理的元素数量之多（总计78个），很难在这里做出简短的总结。

接下来，我们研究了受访者所在住区在多大程度上与他们的期望相符。这里我们分析了**场所缺失**的程度（即人们在多大程度上想要自己的住区里有某些东西、实际上却没有），以及**场所恶化**的程度（即受访者在多大程度上希望某些东西出现在别处、实际上却出现在自己的住区里）。不出所料，场所缺失随收入下降而增加；但令人惊讶的是，在场所恶化方面群组间却没有显著差异。家庭周期阶段在两种情况下都没有表现出显著性。

但是，要想做好规划，仅仅了解某个元素在居住环境里是否受欢迎还不够具体。理想的易达性或邻近程度也是项目的必要信息。因此，我们列出了那些通常最受各群组欢迎的元素的最远距离列表。易达性或邻近程度的计量单位是时间，而不是距离，这样就允许在不同交通模式之间进行选择，也可以在选择性设计方案之间进行比较。我们还把这些研究结果与《邻里规划》的推荐标准进行了对比，发现除少数例外情况外，大部分的可达性标准都仍然适用。

居住环境体验的群体差异性

在这方面，我们已经总结了关于住区的环境、形式和场所的调查结果，也把这些结果与邻里思想的前提和构成内容进行了比较。在这样做的过程中，我们有时也提到不同人口群组表现或表达出来的差异性。但是，我们的研究目的之一，是要非常明确地探究这些差异性究竟是否存在，又存在于何处，以及这些差异性是否明显到除了具有统计学意义，还具有政策意义的程度。我们想要知道的是，可供选择的设计范式是否保证适应这些差异性？

最明显的差异是因收入不同造成的。这一研究结果从许多方面都得到证实，包括：开放式问题的语言反馈；描述性资料信息的图表；受访者绘制的地图；在有可能应用双向分析方差检验校正均值（在约束家庭周期阶段效应后）时，不同的居住体验评测标准等。此外，活动项目分析也强烈显示了这一结果，相关内容本书没有阐述。我们对这一研究结果极有信心，因为已经有那么多不同的调研方法和途径都给予了验证（Chapin，1974）。

收入是最显著的群组变量，这点并不奇怪，但是，其显著程度比家庭周期阶段要明显得多，这一发现令人费解。就像我们将要说明的那样，这一发现既降低了修改《邻里规划》或设计可选范式的难度，也赤裸裸地揭示出潜在的不平等社会现实，而这并不是简单的多样化设计产品就能轻松解决的问题。

从我们的资料信息中虽然可以看到一些族裔群组偏好的差异性（保持收入阶层为常量），但是这样的差异性是否反映了文化根源上的价值观差异（就像文化相对主义者喜欢争辩的那样），或者是否是现有环境条件的结果，目前尚不清楚。例如，非白人的理想住区场所和硬件列表，要长于中低收入白人的列表。这一结果反映了一种相对欲望上的族裔价值观差异，还是反映了这些种族群组间长期场所缺失的程度更高？就感知到的邻里居住重要性的组间变化来说，也可以提出同样的问题，因为少数族裔群组对此也显示了较大程度的偏好。他们更强烈地偏爱某些“邻里理想”，是因为在现实中，他们的住区不如白人聚居区那样更接近这种理想吗？种族群组间的偏好差异性很可能解释为，在我们的引导下所获得的偏好，只是边际偏好而不是绝对偏好。简而言之，人们表示想要的东西，可能取决于他们当时拥有（或缺少）这种东西的程度，而他们当时所拥有的东西，又常常是在市场导向的经济体制上叠加差别化对待的结果。

如果表达出来的环境条件偏好存在差异是社会差别化对待的人为结果，而不是建立在文化偏好塑成的、不受妨碍的环境选择基础上，那么，这个问题就可能更好地解释为政治经济学问题，而不是文化相对论问题。遗憾的是，我们在构建调研时还没有充分地认识到这一困境，无法提供澄清这种可能性的手段。

抽样方案的第三个变量——各家庭周期阶段——在解释体验或偏好差异性时，似乎也不是一个影响很大的因素。在通过方差分析约束人口群组效应的大多数情况下，我们发现，可以归因于各家庭周期阶段的差异性非常小，而且在统计学意义上不显著。凡是确实存在显著差异的，通常都是在老年群组和其他群组之间，而且通常涉及的各个环境方面，都明显与退休生活、年龄相关的能力丧失等有关。

总之，根据研究结果，在解释居住体验品质情况、判断良好居住空间的组成内容时，收入阶层差异仍然是最重要的一个变量。因此，在制定城市或区域范围的管理策略、提升居住环境品质时，收入阶层差异应该是最首要的考量因素。与家庭周期差异性和族裔差异性相关的论题，即使存在，也只有在考虑特定场地、特定使用群体时，才具有重要意义。

摘要与结论

上面对这三种途径的研究结果做了综述，从中可以得出什么样的结论呢？首先，我们认为，通过选择不同的调查角度，能够从受访者那里获得关于居住体验和感受的描述，其丰富程度远远超过我们从任何单一途径所获得的内容。很显然，这三种方法分别从不同维度研究了人们的居住感受，这些感受并没有全部包含在邻里单位理想中。

第二，我们发现受访者的很多感受要么与邻里单位思想不一致，要么是对邻里单位思想的补充。这些都表明，我们需要多样化的居住设计方法来涵盖人们各种各样的感受。如果再次编织邻里之网的话，就应该在更大的范围着手，从而把区域性问题也包含在内。

第三，尽管存在感受差异性，尽管邻里单位思想未能挖掘到居住生活的突出属性，然而邻里的社会意义却极为重要，尽管这种社会意义如何向三维形式转化仍旧困惑着设计人员。这一结论进一步证实了第二个结论。这个问题是人们心目中的头等大事，而且，如果认为邻里价值观是错误的，或者是建立在人们住区行为的错误信念上（就像许多批评家曾经做的那样），那么，就是否认了替代性方法和设计范式的有效性或价值，而这些方法和范式却能够弥补邻里单位思想的某些错误和疏漏。

我们此时也可能要问：关于居住的环境、形式和场所等的反馈因收入、族裔和家庭周期阶段而异，如果真的能从这种变化方式中得到政策暗示的话，那么，这种暗示到底是什么呢？在前面三章的整个篇幅以及本章前半部分的讨论中，我们始终强调收入是解释居住体验和感知差异性的最主要因素。从整体意义上说，我们对三个自变量之间和三个不同分类或反馈之间的关系的印象，可以概括为表 6.1 所示。

表 6.1 调查结果与三个主要自变量或样本特征的解释性和综合性总结

居住体验层次	不同样本特征的反馈变化		
	收入	族裔	家庭周期阶段
居住环境	强	中	弱
居住形式	强	弱	弱
居住场所	强	弱	中

因此，由于收入不同而产生的差异性表明，人口群体间的经济差异性最为明显，而不是族裔或文化差异性，也不是家庭周期阶段差异性。就像前面曾提到过的那样，这一发现既简化了可能会提出来的种种设计方案，也使核心问题解决起来更为棘手。如果年龄和家庭周期阶段是主要问题，那么这些问题不过是所有人口群体都要面对的问题，因而解决方案就会适用于每个群体。如果种族文化的备选最为明显，那么就可以从受访者表达出来的需求中得到关于选

择性设计方案的线索。事实上，最近规划人员和开发者对人口和年龄多样性给予重视，已经产生差异化居住开发的态势（例如退休社区、老年住房开发和计划、无子女父母公寓或单身公寓等），不过，必须承认一点，要想利用这些特殊的开发项目，常常还需要有中等或较高的收入才行。

但是，收入差异在研究结果中非常明显，表明解决方法要以重新分配社会资源为目标，而不是仅仅提出严谨的备选设计方案。我们已经提到过，设计在确定成本时具有重要意义。当我们认识到居住开发是公私部门联合运营的结果时，这一点就更为突出。在大地块上布局住宅区，有宽阔的街道，有大量的土地用于公园、学校、图书馆和社区中心，这样的住宅区自然就承载着昂贵的土地成本。开发商们在考虑开发与土地成本比值时，按照粗略的经验法则进行运营，所以我们可以肯定，由开发商提供的住宅和社区设施一定是昂贵的，因而可以确信其最终产品也会非常昂贵。社会中只有一小部分人才能够负担得起这种公私部门间联手的设计决策。其他的住宅区和住宅开发会按照较低标准建造，但是，主要决定着城市区域聚居模式的，还是开发成本（不论是新项目，还是借助“过滤作用”后的“老旧”项目），尽管差别化处理（不论是显性还是隐性）也会产生影响。可是，这些基于成本的决策将是最重要的仲裁者，决定了哪些类型的人会住在那些建设项目里——这就是居住满意度或不满意度的主要根源。此外，这些住区显露出来的收入模式，反过来又会影响购物中心模式，从而导致中高收入群体的商店更加多样化，也通常更具临近性（非常有钱的人除外）。多样性和临近性是居住满意度的补充来源。

因此，我们发现，社会资源分配要比设计标准对居住满意度更有影响力。设计备选方案虽然有助于改善因完全不加监管地开发而产生的有害影响，但是，要确保超过设计能够达成的最低水平的居住满意度，设计备选方案的作用却是有限的。

正如我们看到的那样，居住体验品质在所有三个层面上的差异性均由收入差异引起，这就引出了公平性和“基本需求”问题。也就是说，相关的前期政策问题是：当前这些层面的居住体验是否公平。这些体验是公共资源在居住服务和环境分配方面的某些体制性不公平的结果吗？如果是，那么将需要什么层次的公共资源补偿性分配（Lineberry，1975）呢？又为谁、以什么样的规则来制定呢？如果不是，那么是否还有可能不考虑收入情况，制定出良好居住环境的“基本需求”，作为未来住宅规划的目标呢？

种族和生命周期差异也会引起居住体验（以及随之而来的偏好）上的差异性，这些差异性尽管微弱，却带来了不同类型的政策问题。在这一点上，多样性和选择性似乎是公共政策更为至关重要的两个方面，超过了公平性和“基本需求”，不过对于老年人来说，他们在很大程度上还要依赖于临近场所，“基本需求”的理念可能仍然适用。最后，多样性和选择性目标也可能会导致另一个关于具体标准的棘手问题。也就是说，对于不同的用户群体来说，标准到底应该一样还是不一样呢？公共政策可以设立绝对不一致的标准吗？例外是公平的吗？这些问题虽然通常都是政治学家和经济学家的研究领域，他们对公共服务机制充满兴趣（Rich，1979），但是在第7章，我们还是要在居住规划与设计的基本框架内对此做出回答。

注释

1 虽然有一些实验性证据表明，在社会环境方面的其他一切都均等的情况下，微观因素可能影响到社会关系、邻里关系等（例如，Dyckman，1961；Festinger, Schachter and Back，1950；Kuper，1951）。

2 不过，评论家们并不完全信服纽曼的研究结果和建议（Mawby，1981；Merry，1981）。

3 然而，“爸妈”类型商店以7-11、停停走走和其他连锁便利店的形式重新回归，表明这些便利店所发挥的作用仍然没有过时，尽管购物中心开发已经发生了革命性变化。

7 寻求全新的设计范式

我们在研究开始时就怀疑，邻里单位模式尽管作为范式长期存在，然而其使命可能已经完成。各方学者和业界人士为此展开激烈讨论，又进一步加重了这种质疑，第 2 章对此做过综述。事实上，我们在研究中几乎没有找到证据来否认这种怀疑，更谈不上对那些批评这一模式的人们进行反驳了。我们的一些研究结果确实为某些与邻里单位思想有关的设施选址标准提供了证据，但那些证据还不足以保证对邻里单位模式的全面认可。同样地，大多数受访者仍然对邻里理想给予了高度评价，这一事实也并不意味着邻里单位思想完全正确合理。这一切只能说明，邻里单位思想的某些背景价值观念仍然拥有追随者，尽管居住环境的显性功能已经变得多样化，我们的研究结果和近年来其他人的研究结果都证实了这一点。

那么，现在到了告别邻里单位的时候吗？还是我们应该更加慎重地对待经久不衰的“邻里”理想，并且仅仅表示：“**邻里单位已死，但邻里万岁**”？这种做法会使我们认同邻里价值观念和思想，却使遵循这些价值观念的模式失效，而其他的可选范式则被人们接受。设计行业离不开邻里单位思想提供的指导作用，对此我们深信不疑。不过，这个行业也同样需要可供选择的其他指导思想。接下来就要对这样一种替代性的居住规划和设计范式进行阐述。

寻求选择

既然最普遍接受的居住环境思想——邻里——已经证实不适合作为实体规划和设计理念的唯一依据，那么，一个全新的开始就势在必行。我们在居住体验特点的调查中，已经寻找到一些一致性模式和一些统一的主题，可以尽可能简单获悉居住环境在人们生活中的意义所在。我们曾经一直希望在研究中揭示出某种普遍性的、包罗万象的住区意义，就像人们解读住宅涵义那样。例如，马丁·布伯（Martin Buber，1969）认为，住宅是一个人对“宇宙神秘性”以及对“造成侵犯威胁的那种混乱性”的抵御（Alexanderd et al.，1977）[393]；加斯顿·巴什拉（Gaston Bachelard，1969）则把住宅描述为“安乐窝”“避难所”；还有一些最近提出来的观点，如李·雷恩沃特（Lee Rainwater，1966）认为，住宅是一个“避风港”；克莱尔·库珀（Clare Cooper，1971）认为，住宅是一个“自我的符号”。

这些概念是否也适用于定义住区呢？或许可以。我们在第 3 章发现，这些意义中的确有一些似乎就是住区开放式描述的基础。事实上，这也在预料之中，毕竟住区就是仅大于住宅的生活体验领域（Campbell et al.，1976），其中也包含了住宅。然而，我们还是认为，那些思想似乎无可辩驳地捕捉到了住宅涵义，却并没有涵盖居住环境在日常使用和作用上的整体意义。

事实上，纵览调查结果，我们得到的直接印象是：任何单一的意义都不适用于一个人口群体范围内（更不用说群体之间）的住区，尽管存在着我们阐述过的种种差异性。有人把住区看作是地域上的限定范围，也有人把住区看作是一个社会环境。对于一些人来说，住区是一个“避风港”，而对于另一些人来说，住区又只是一个模糊的过渡地带，处于自己的家和更大的社区——甚至城市——之间而已。住区的空间范围也相差很大——可以是一个街区或一栋公寓大楼，也可以是城市的一个完整部分。有人认为住区和邻里是一回事；也有人认为这两个实体完全不同。有人把住区定义为在功能上具有同质性和排他性，也有人把住区定义为具有异质性功能并且包罗万象的区域。甚至人们对住区应该包含哪些环境场所和硬件的看法也大不一样。因此，我们得出这样的结论，即：**住区对于不同的人意味着不同的事物**，即使在同一个人口群组内也是如此。

坦率地说，我们的结论似乎有虎头蛇尾之嫌，让人扫兴。难道这样一个司空见惯的结论就是前面4章的精髓吗？其实不然。我们在这里只想言简意赅地表明一点：邻里单位思想所表现出来的僵化刻板、墨守成规、钝化麻木以及缺乏回应等问题，无疑限制了其满足多样化需求的能力。我们的研究结果认为，邻里单位思想并没有失败，只是常常不够胜任而已。有很多迹象表明，在生活方式发生重大转变的二十世纪最后二十年里，邻里单位思想已与时代日益脱节。因此，我们确实需要从这些迹象中找到一种全新的方法，来努力克服邻里单位思想目前存在的不足。为了确定全新的方法，我们首先来看一下前人所做的努力，以此为指导，然后，在阐述我们自己的替代性方案之前，还要着手解决前人方法中存在的基本缺点。

综述：前人对替代性方案的探寻

设计界并没有完全无视邻里单位思想所遭到的批判。多年来，有些设计人员和规划人员一直试图建立起城市设计的各种框架，不依赖邻里单位作为主要的“结构单元”（Herbert，1963）。在这些想法中，有的只是作为研究建议出现，从没有实施过，对实际的城市开发产生的影响相对来说微乎其微。有的想法则至少被实施和验证过一次。所有这些努力都试图摆脱邻里单位思想的束缚。

例如，大卫·克兰（David Crane，1960）认为，公共基础设施是城市形态中更具永久性的元素，因此，一座为变化和适应性而设计的城市，其主要组织框架应该是公共基础设施，而不是居住单元（图 7.1）。艾莉森和彼得·史密森夫妇（Allison and Peter Smithson）也提出了一个类似主题，认为永恒与变化是城市设计（和重新设计）的框架基础（Smithson and Smithson，1967；图 7.2）。这两种思想都因邻里单位过大、过于具体以及过于死板而予以摒弃。相反，小型住宅集群由于具有更大的“社会效力”反而受到重视（Herbert，1963）。不过，应当注意到的是，20 世纪 60 年代早期，人们认识到，城市设计要能够适应快速的物质变化和退化，而这两种模式都正好回应了这种需求。那个年代的设计思考一直关注城市形态的有效性和适应性，而不是宜居性和公平性问题，宜居性和公平性在 20 世纪 70 年代才成为主要问题。有一个方案的确专注于宜居性问题，把宜居性问题作为城市设计的基础，那就是英国的霍克新城（the British New Town of Hook）规划（图 7.3）。霍克新城虽然一直没有建成，但是其设计理念影响了随后近三十年的英国新城镇建设，尤其是坎伯诺尔德（Cumbemauld）。霍克规划重点强调了小“胡同般”的住宅组团，由于这些住宅组团都“很小，足以让人们既可以把一个组团认作是一个社会单元，又可以认作是一个视觉单元”（London County Council，1961，引自 Herbert，1963），因此霍克规划显示出与邻里单位思想大不相同。这个规划还强调了住房组合的选择性和多样性。也不再强调住宅组团间的边界，住区易达范围内的公共服务和设施都处于敏感位置，从而突出了组团间的关联性。在坎伯诺尔德的设计和开发中，这些原则基本上都得以实现，该城市可能后来成为第一个摆脱邻里单位思想影响的英国新城（图 7.4）。

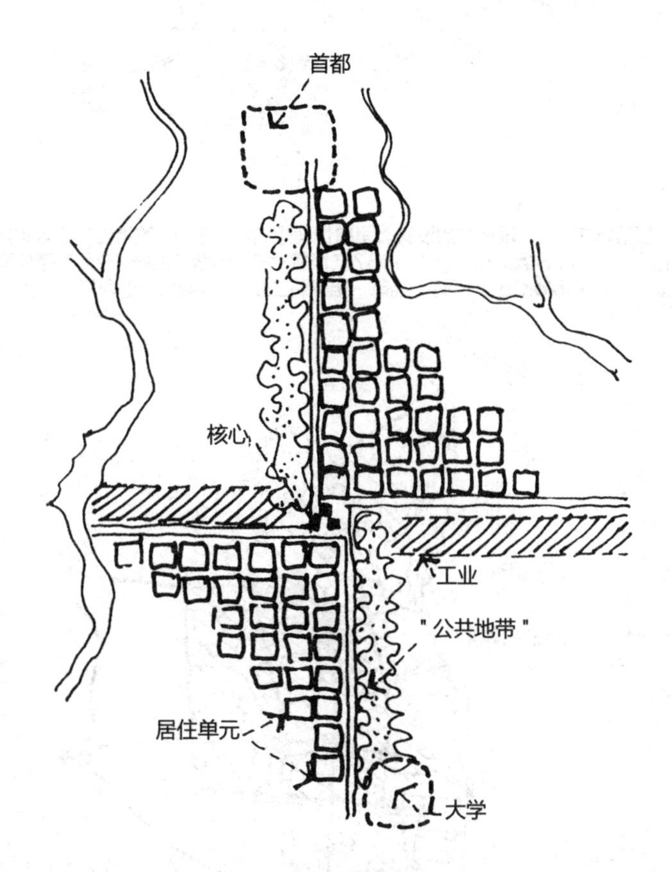

图 7.1　印度昌迪加尔的重新设计构想，诠释了克雷恩的观点。改绘自大卫 · 克兰的《重新思考昌迪加尔》，载于《美国建筑师学会杂志》1960 年第 5 期（*AIA Journal* 5，1960）[33-39]。经大卫 · 克兰与《美国建筑师学会杂志》许可。

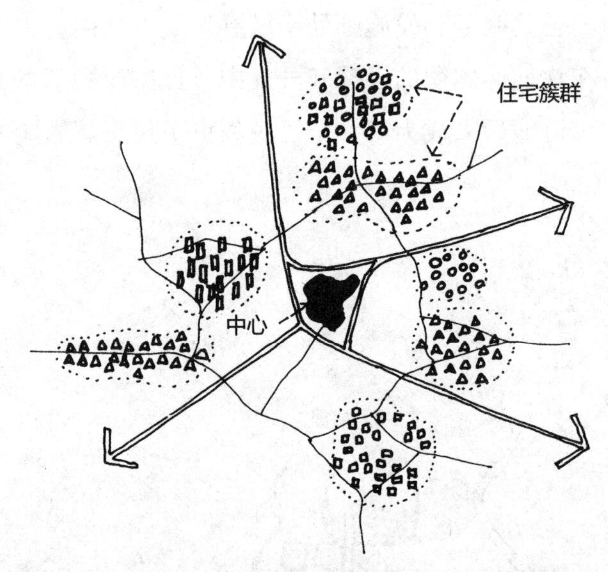

图 7.2 “簇群城市”——设想中的没有邻里单位思想的城市设计。改绘自史密森夫妇的《都市结构化》(*Urban Structuring*)。1967 年版权为范·诺斯特兰德·瑞因霍德公司(Van Nostrand Reinhold Co.)所有。经范·诺斯特兰德·瑞因霍德公司许可使用。

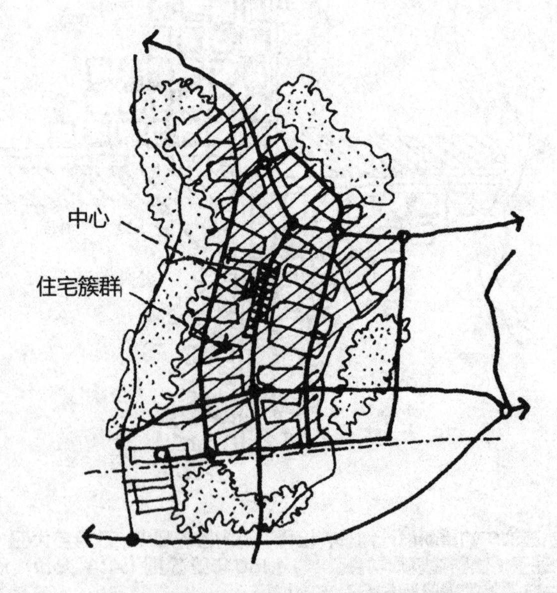

图 7.3 霍克规划(未建成)——又一例未采用邻里思想设计的城市。改绘自伦敦郡议会，1961。

邻里单位曾经是英国新城镇的标志，但在后来的英国新城开发中却一再回避这种思想。例如，米尔顿·凯恩斯（Milton Keynes）案例中，干道以 5/8~2/3 英里间隔交叉构成曲线形网格，城市实体形态就在这个曲线网格上发展形成（图 7.5）。由此产生的细胞单元——每个大约 250~300 英亩（1 英亩约等于 4047 平方米）——被称为**环境区域**，包含住房、开放空间、商店、学校和其他“活动中心”等可变性组合。规划人员强调，这些“环境区域”并不能当作是“社区”或“邻里”，因为“很少或根本没有证据可以表明，具体多大规模的单元或单元组在社交上或者行政上才算是合适的”（Milton Keynes Development Corporation，1970，第二部分）[305]。规划人员强调，这个方案是以最大化的“社会发展、移动和选择自由”为基础的。因此，米尔顿·凯恩斯已经成为一个象征，标志着当代英国新城开发对邻里单位思想的最终彻底否定。随后，类似的城市如朗科恩（Runcom）和华盛顿（Washington）等也纷纷效仿。

邻里单位理念也遭到社会主义规划人员的反对，他们赞同以双重模式组织住区。一批俄罗斯规划人员（Gutnov，Babunor，Djumenton，Kharitonva，Lezava and Sadovskij，1968）提出的设计理念没有基于社区考虑，而是基于服务机制考虑，建议以规模为 1500~2000 人的较小居住综合体作为初级层次服务的定位依据，这样就尽可能地离家近，而较大的居住组团规模为 25000~35000 人，包含更大的、适合这个规模的非初级服务中心（图 7.6）。在这一理念中，邻里单位虽然在形式上遭到摒弃，但实际上只是取代以细胞式模块的层级结构而已，与改进版的邻里单位思想没什么不同。改进版邻里单位思想是由格罗皮乌斯（Gropius，1945）、福肖和阿伯克龙比（Forshaw and Abercrombie，1943）以及吉伯德（Gibberd，1953）等人早前提出来的。

亨德里克斯与麦克奈尔（Hendricks and MacNair，1970）也提出过

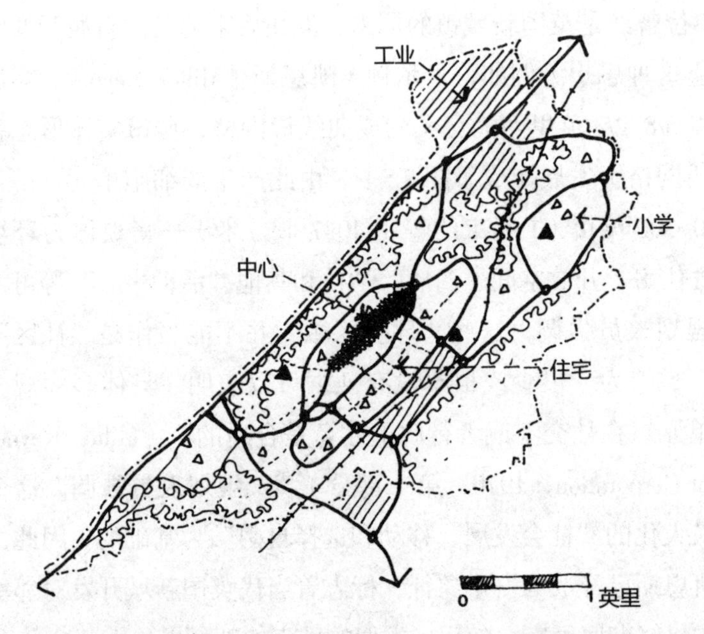

图 7.4　坎伯诺尔德示意图——受霍克城启发，没有明确考虑邻里单位。改绘自坎伯诺尔德开发公司，1968。

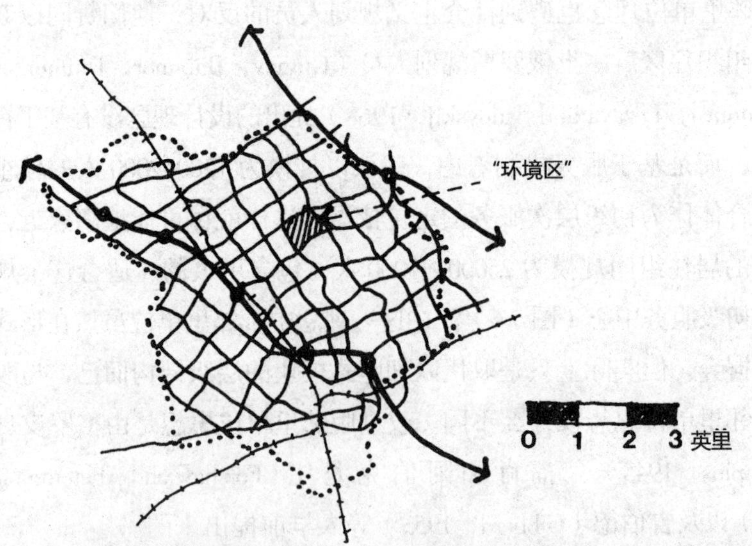

图 7.5 米尔顿·凯恩斯的概念示意图——又一个摒弃邻里单位的案例。改绘自米尔顿·凯恩斯公司文件，1970。

一个居住规划模式，该模式尽管只是理论上的，却充满创新精神。在这个模式中，居住空间概念取代了邻里单位，其目的是为了适应在生活方式、个性和生命周期阶段等方面发生的各种变化（图 7.7）[2]。两位作者把这种居住空间概念化为一种马赛克式的嵌合体，由较小的、同质的细胞单元组成，旨在为各种不同用户提供服务。他们预期在较粗放的结构上实现选择性和多样性的最大化，还要在细胞式的单元层面上仍然保持社会或“生活方式”的同质性。两位作者都把这种居住空间模式看作是对社会问题和异常状态的回应。当人们改变或者达到不同生命周期阶段时，角色中断与空间不一致性就会引发社会问题和异常状态的出现。像克兰与史密斯夫妇曾经提出的那些观点一样，这一模式也同样关注环境品质的适应性特点，与此同时还强调心理健康的各个方面。

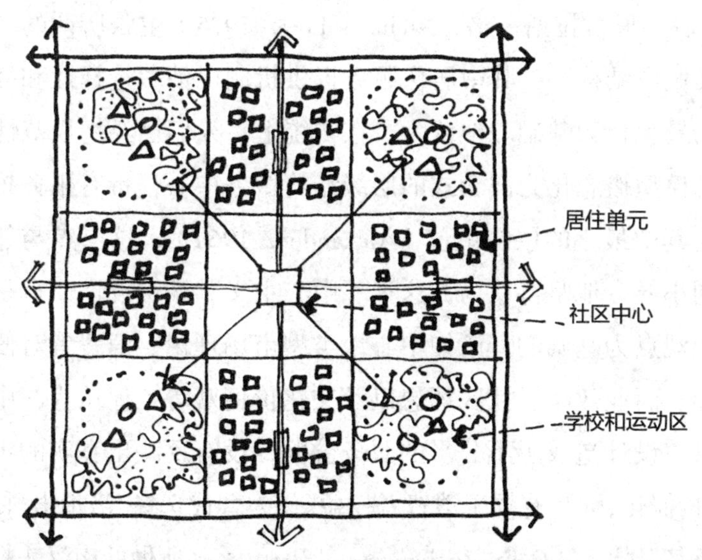

图 7.6 邻里单位思想的社会主义替代方案。改绘自古特诺等人（Gutnov et al., 1968）的论述。摘自乔治·布拉齐勒（George Braziller）的《理想共产主义城市》(*Ideal Communist City*)。1971 年版权为乔治·布拉齐勒有限公司所有。经许可后改绘。

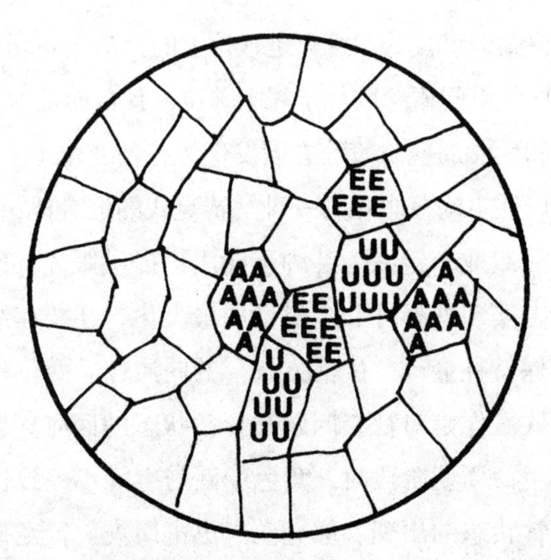

图 7.7 社会同质性子社区的马赛克式嵌合体。随机字母表示不同的社会群体。改绘自 F·亨德里克斯与 M·麦克奈尔，1969。

最后，尼古拉斯·洛（Nicholas Low，1975）主张所谓的“非中心主义城市结构”，其中居住服务提供机制以消费选择性和社会公平性的最大化为基础。他认为，在传统上，人们已经把规范性的城市形态模型概念化为嵌套式的层级结构服务中心，带有服务核心的住区是其中最小的层级单位（Alexander，1964），这一点与邻里单位大同小异。他坚持认为，这种“中心主义”城市设计途径是以一些传统观点为基础的，诸如中心地类型市场理论、消费者对便利性的认知、商业效率、社区理想以及文化价值观等。他认为，中心主义的城市设计造成了不公平的服务分配，没有反映出真实的市场运营，结构僵化，而且有损于消费者权益。作为替代选择，洛指出科林·布坎南及其合伙人（Colin Buchanan and Partners）所做的南汉普郡研究（the South Hampshire Study，1966）就是一个非中心主义的城市结构设计（图 7.8）。其特色是：矩形道路网格形成交通网络；毗邻路网的是预留的连续服务区；土地供应充足；社区在地方层面上控制土地用途决策。洛表示，这种方法有望使消费者权益和服务提供机制的公平性都达到最大化。

如果我们忽略了社会学家杰拉尔德·萨特尔斯（Gerald Suttles，1975）最近提出的一个社区设计模式方案，那么对居住规划选择性模式的综述就不够完整。萨特尔斯的视角与上述几位有所不同，这是因为，他一直专注于社区和管辖权带来的社会影响和政治影响，而不是实体空间本身（图 7.9）。不过，他也关注诸如阶层与种族隔离、公共服务分配的公平性以及都市地区的社区参与模式等所有关系到未来居住环境的规划与管理因素。

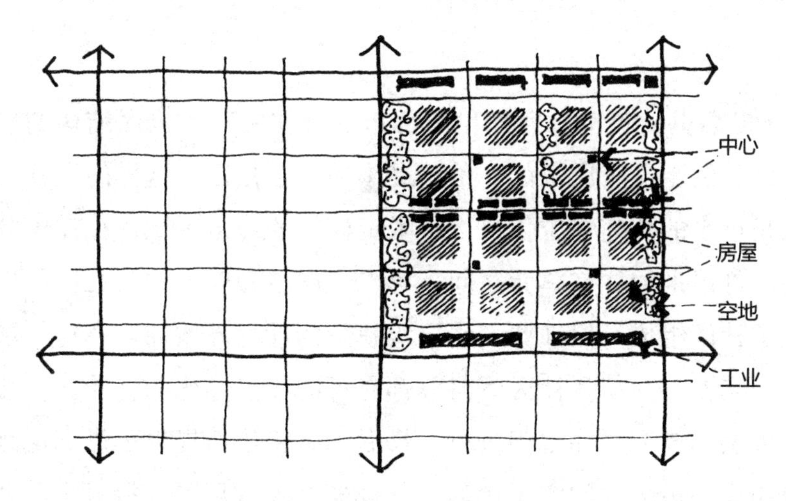

图 7.8 非中心主义设计——英国南汉普郡规划。改绘自科林·布坎南及其合伙人事务所，1966。

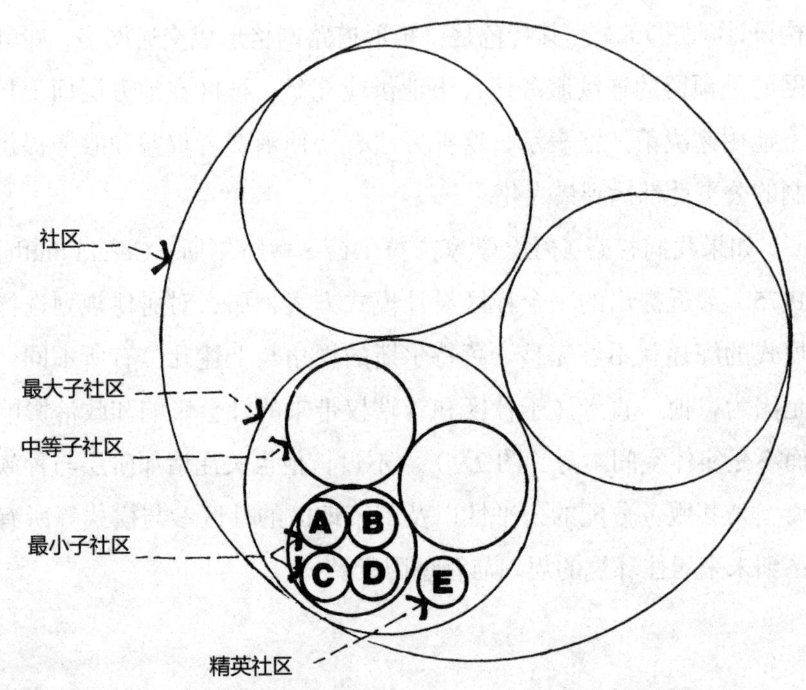

图 7.9 萨特尔斯的社区设计模式。字母 A、B、C、D、E 代表不同的最小子社区

在提案里，萨特尔斯提出了都市区域中的三级排序结构的居住社区。位于最底层级的，是“最小的”子社区，这样的子社区要么是最小的住宅单位，要么是限定模糊的边角区域，存在于分散的、可识别的住宅单元之间。第二个层级是较大的子社区，由最小子社区组成，但强调最小层级缺少的那种异质性。在这一层级上，交流、互动和社区参与等都有可能在多样化的种族、社会经济阶层和族裔群体之间进行。最后，萨特尔斯提出了最高层级或者叫作“最大化的”子社区，其规模之大，足以支持数个公共服务机构，而且允许业主实施选择性和差异化服务。这个层级的社区将不仅包括许多中等层级社区，甚至还至少包含一个“精英”

社区，从而所有社会阶层的全面融合就有可能在这一层级的决策中实现。萨特尔斯认为，必须在最底层级上赋予子社区以明确的识别性，公共机构的区界应重新划定，以匹配子社区的边界。萨特尔斯声称，这一模式借助一定程度上的分散化、增加选择性与竞争性，以及一定程度上的自主自愿，来形成公共服务的有效分配和消费。虽然有人可能会认为，都市区域的固定边界和区域划分可能会干预城市社会生态的演变发展，从而固结城市社会秩序在目前存在的不平等性（Harvey，1973），但是萨特尔斯的模式却为管理居住环境品质提供了一个重要的制度体系。

替代性方案的考虑因素

前人的这些努力都没有达到我们的预期，仍然有理由构想替代性方案。我们的研究（以及其他来自社会科学的研究）表明，一定程度的创新是必要而可能的，但是，任何新的构想都必须受到一些考虑因素的指导，这些考虑因素将关乎到我们现今对集体居住生活体验的特点究竟了解多少。

1. 居住生活体验所固有的可变性和复杂性，使其无法按照层级结构、组织和秩序等进行简单的概念化。我们前面已经发现，以往大部分设计理念都对层级结构坚信不疑，认为只有借助层级或等级，才能对复杂的事物施以秩序。当然，这种观念体系并没有得到任何研究结果的支持，只不过反映了发起者的推测，即这种模式会被证明是有益的。但是，我们现在却无法坦然地面对这样的专家判断。原因之一在于，这是一种精英式的、“自上而下”的方法，假设了专家们有着高人一等的知识，这样的方法会导致由一种观点转向另一种观点，即从人们在实体环境中**愿意**按照设计人员预计的方式表现这一观点，转向**必须**按照设计人员预计的方式表现的观点。从根本上说,这种方法会变成一种微妙的专制观点,与民主社会格格不入。但是更重要的是，我们有理由相信，简单化必然伴随层级结构而来，这并不是某些独特洞见或灵感设计的结果，而往往是人类大脑在处理复杂信息结构时的认知局限性的结果。亚历山大（Alexander，1965）[60] 对此进行过十分有力的论证，他认为，尽管“自然之城”是人际关系相互重叠和相互关联的复杂之网，而我们设计的“人造之城”（如新城镇）却通常概念化为相互排斥或者嵌套集合的层级关系。真正的城市代表着一种“半网格化”的组织类型，而我们却通常采用“树”状模式来表示城市。亚历山大认为，设计师都无可救药地“吊在一棵树上”，而且“无法在单一的精神活动中实现半网格化的复杂性”[3]。

另一方面，如果我们假设，人在复杂情况下是秩序的最好决定因素，并且假定现在的复杂性恰恰不能保证绝对遵从专家的意见，那么，如果有一种方法使得人们能够设计自己所在住区的配置，那么这种方法就有可能弥补当前设计范式中的各种不足与缺陷。按照这种观点，要想建构未来的居住环境设计框架，可能就需要参照各种不同的因素、活动、期望路线、“行为圈”、消费选择等。按照这种模式，任何具体的学校、超市、教堂、加油站、公园或由此形成的簇群，都不可能成为居住环境的构成基础，反倒是更大环境范围内的整体选择范围、选择性设施、活动和空间等，才变得重要起来。也就是说，一个人在确定自己的住区时，不仅可以包含最近的超市或药店，还可以包含其他可以去比较购物差价的类似的药店和超市。按照这个观点，更大的城市背景就相当于一个“自助餐厅”，可以进行各种活动、设施和机会方面的选择，而不再相当于一间社区厨房，只提供单一性的选择。个人品味、生活方式以及财产等形成了个体的活动模式，这个模式反过来又决定了一个稳定的行为圈（Perin，1970）。正是这种可选范围中的设施和活动的选择性，界定了居住的“行为空间”（Horton and Reynolds，1971；Wolpert，1965）。不夸张地说，对于一个特定邻里的居民来说，存在着无数可能的行为圈和选择性行为空间。这些行为圈和期望路线虽然有许多是互相重叠和交叉的，但大多数都保持截然分开和彼此独立。因此，要达成在领域上界定“邻里”或住区的共识，几乎完全没有可能。

2. 邻里感或社区感不一定要借助居住环境的实体设计来实现。邻里单位思想的焦点主要在于实体方面，带有某些推测性的社会效果，有效性则是次要的考虑因素。然而，我们对住区构成的历史基础所做的综述表明，宗教、军事和管理重点也可能是关注焦点，还有公平性问题也是，公平性问题在近期才成为焦点。不过，我们此处最直接的关注点则是：一种社会构想，是否可以通过实体手段操作而强加在居民身上。社会科学家们已经反复告诫过我们，此路不通。我们的研究结果也几乎没有别的暗示。通过把调查分成三个不同的体验层面已经证明，社会环境的种种构想并不见得依赖于居住形式理念。我们发现，对于大多数受访者来说，“邻里”和“住区”并不是一回事，而且在人们的意识里，这两个概念的转换过程充其量也是含糊不清的。鉴于这一切，我们想要建议的是，必须在建立社区感和创建良好空间这两个目标之间划清界限。或许我们应该承认，直接形成社区感或邻里感这一目标，仅仅借助实体设计是无法达成的，而且，也没有必要再成为实体设计的目标。这是因为，我们对实体空间所起的作用还所知甚少，即便有所了解，也只是在塑造社交空间这个方面。此外，空间和社区可能是生活体验的两个不同方面，这两个方面虽然可能偶有重合，却未必互相依赖。

不过，这并不是说，我们无法提供带有理想的环境硬件和活动场所的实体环境，使个体从中获取自己的社区感。也不是说，如果我们不关心是否能实现社区感，就不能专注于居住环境的性能特点，诸如安全、空气质量、舒适性与便利性、空间品质以及服务等。

3. 刻板、细胞式、结构单元式的方式，可能与居住生活体验所具有的更为开放、非结构性以及不断变化等特点背道而驰。我们回顾过的实例都和邻里思想一样，遵循着同样的假设，即：细胞式的构想是可取的，结构单元也是理想的，一个结构单元与其他结构单元结合起来，就可以形成更大的社区、城市或者都市区域。这一假设不只暗示了一种模块化的思考方式，伴随而来的还有一致性、单调性以及最终的僵化刻板，尽管也有人声称具有灵活性。更糟的是，模块化取向潜移默化地强化了那种由更高权威来决定理念的必要性，因为一旦选定，所有的形状和形式（以及人）都必须要么遵从于设计，要么就被排除在设计之外。

这种结构单元式的方式还意味着，只有依靠离散形式才能组织城市生活。这种方法强调分离、边界、独立，甚至相互排斥性。但是，我们以及其他人的研究都表明，人、空间和活动之间的关系线是重叠的、互相交织的，并不服从于这样的人为构造边界。因此，替代性方法就应该考虑到连续性，考虑到我们城市生活的活动之间根本没有明确的界限。

最后，结构单元式的方法会导致设计趋向于停滞性而不是流动性，趋向于一成不变的样式，而不是一种能够适应城市区域不可避免的流动性和变化性的思想。而我们需要致力开拓的途径则是：不拘泥于具体形式，更加致力于能够促进个体喜爱的居住行为，不论那种行为圈留下的踪迹是如何构成的。

4. 地域界限划分明确的单元，围绕一系列专属的商业和社区设施组织起来，这可能并不是最好的居住形式，也未必是唯一的居住形式。在最常采用的细胞式组织中，各细胞单元本身被视为具有典型的自身内部结构（一种可以预见的有机类比的延伸），就像邻里单位思想所概括的那样。人们期待核心组织能创造一个社会亲近空间，来诱导社交互动和交流，促进共享的社区认同性。但是对于中心区（例如购物和社区设施等）的运营来说，最小人口数或最小面积规模都必不可少，其中任何一个方面通常都比当前都市区域的新建或再生开发的平均增长量要大得多。但更为重要的是，细胞单元这种特有的内部结构又只能假设，居民的活动模式必须朝向核心流动。这种思想虽然可能在克拉伦斯·佩里的时代具有一定的有效性，但在今天的城市区域，这个假设却站不住脚。至于认知地图在多大程度上反映了人们的“行为圈”（Perlin，1970），我们的研究结果认为，人们的活动和交流确实太开放了（而且可能也太具有自发性），根本不依赖于这些人为的实体布局。此外，即使对于服务机制来说，这样的布局也并不十分有效，一些批评家们已经指出过这一点（第2章）。我们还认为，这样的布局所应对的，是一些基本的消费行为特性，比如比较性购物或寻求多样化等行为。我们在别处也曾经主张过，相比仅仅临近一套服务和设施，当今社会人们对购物、休闲、娱乐或社交分享等方面的可供选择机会更为看重。其实，在如今的购物中心、连锁店、小型零售店甚至像教堂、寺庙和诊所等这样的准公共设施的选址决策上，已经相当有效地反映出这种偏好。在这样的环境里，居住单元这种特定模式的吸引力或有效性已经微乎其微。

真正重要的，是这些单元如何与城市区域中现有的（以及不断变化的）私人和公共的主流服务和机会联系起来。

5. 新方案必须考虑居住资源在不同群体中的分配公平性。我们曾经论述过，设计中原本就存在着一致性，初看起来这种一致性表现了公平性。但是，我们已经看到，均等的设计却产生了不均等的效果，比如针对老年人时就是如此。我们还看到，任何特定的设计都有成本，而这一成本却使得有的群体要比其他群体更容易负担得起。在收入不同的情况下，人人均等的标准真正公平吗？我们认为，设计范式必须提供不均等的设计（输入），这样才会对不同群体产生更为均等的结果。因此，设计服务机制或服务水平可能就需要大幅度提高，超过最低标准，来补偿现在许多住区都存在已久的各种缺陷。在教育方面，补偿计划都是提供给那些身体发育有残障或者社会经济条件差的学生。为了获得居住品质的公平分配，也可以同样做———即向环境“残障”的住区提供补偿性的服务和设施。

当然，我们也认识到，这件事说起来容易做起来难。在某种程度上，我们在新构想中寻找的，就是“准公共物品”的配置依据（Harvey，1973）。所谓准公共物品，即公共服务及类似方面（事实上，根据大卫·哈维的观点，连超市也是准公共物品）。而如果对这些准公共物品的需求，被认为不能在所有收入群体间变通适应——我们很乐意这样假设——的话，那么，任何一个号称平等主义的构想，都只相当于实际收入的重新分配。确实，这正是应用不平等标准向向穷人倾斜的意义所在，或者，就此而言，甚至是面对现有的不平等而采用均等标准的意义所在。收入再分配虽然在某些公共福利部门（医疗和教育是两个主要的例子）是可以接受的，但在政治上仍然是行不通的（尽管像哈维在1973年认为的那样，现存的资源配置通过市场机制已经产生了一种有利于富人的隐性收入再分配）。

但是，如果我们暂时回避一下政治可行性问题，而去推测一下，这样一种再分配构想的居住规划该具有什么样的空间形式呢？我们知道，如果借助自由和完全市场竞争下建立起来的价格机制，一切准公共物品都被作为可用的私人物品对待，那么，居住服务位置的空间形式很可能就会接近于一种层级结构，Loschean 的空间均衡模型暗示过这种层级结构（Harvey，1973）[87-91]。而事实上，回想一下就很清楚，邻里单位思想作为一种服务提供机制模型，就是在试图模仿这种效率概念，只不过采用了一种随意的方式罢了。但是，正如我们上一节所指出的那样，邻里单位不仅没有实现任何有效性，还由于产生了某些服务使用上的专属领域而无意间加剧了空间的不公平性。另一方面，如果这样的服务和设施反而设置在住宅单元之间的间隙中，这样就不处于任何单元的专属区域内，那么，更大范围的选择性和实用性——以及可能还有一定程度上的公平性——就可能实现了（Low，1975）。

6. 新方案必须适应不断变化的城市发展背景，以及居住环境的日益多样化。邻里思想首次提出来的时候，以及随后由地方机构奉为半官方的学说，并作为《邻里规划》依据而采用的时候，发展定位在很大程度上指向了郊区。像莱维顿那样的大型居住区曾经风靡一时，关于新城或者其他形式的大型规划开发的讨论也不绝于耳。这种大型开发多半都已经发生了，而且邻里思想也成为这些开发区的一部分。

现今，发展前景变化不断而且喜忧参半。这样的新城开发已经由于初始资本投入高昂而停止。大型的规划居住小区虽然仍会继续建造，但是其增长速度将由于更严格的区域和环境法规，以及因能源和交通成本造成的需求减少而放缓。融资成本也进一步减缓了开发速度。另一方面，内城区更新无论从公从私都已大大加快。中产阶级化又引发了更为零散、更少综合性规划的重建计划，而当前对填充式开发的重视，也意味着新开发将要发生的环境如此多样化。复兴现有住区仍然是又一种开发形式，这种开发并不遵循大宗未开发土地所必需的以纯粹形式实施邻里思想的要求。因此，任何新的方案必须适合未来将要出现的各种各样的开发背景。

最后，我们必须考虑到高密度住宅单元很可能出现。住房成本高，易达位置成本增加，这些都意味着许多家庭将要心甘情愿地接受密度增加以换取较低的成本。联排别墅、花园式公寓、高层住宅以及多种形式的托管公寓等，在今天都比邻里思想首次提出来的时候要更为普遍。此外，利用规划单元进行开发的项目日益增多，意味着实体设计人员拥有更大的自由度，超过了传统的区域和分区法规曾经允许的范围。

所有这些因素都意味着，需要提高设计理念和设计标准的灵活性，从而满足人们的偏好。较大的灵活性虽然预示着最终会更好地满足居住需求，但同时也带来相当多的复杂性，正如我们将看到的那样。

7. 任何新构想还必须考虑不同住区与更大的城市系统之间的关系。邻里单位构想并没有充分地阐述清楚如何从邻里规模向更大规模过渡——尽管有假定的层级秩序。规模、功能和层级结构上的不连续性从未得到妥善解决。其主要强调的重点就是细胞单元，单元之间的间隙也被忽略了。邻里单位思想的支持者们几乎很少谈起过那些整齐划分的邻里单位之间的剩余空间。这样的疏忽在构建新理念时则应该避免。

邻里单位没有特别关注大型社区问题，或者说，至少没有关注那些地方性的环境属性，这些属性受到更大的城市或大都市发展模式（如空气质量）的影响。但是，城市生活日益呈现都市特点，在邻里的层面这些特点现在就很明显，而新的设计构想必须认识到这种正在变化的现实。

在考虑更大的城市框架时，新构想还必须注意到邻里变化的动态性。这个框架应该适应“过滤作用”的诸多方面，如：不同收入或族裔群体在某个区域的流动，种族群体的大规模境内迁移，或者一个住区范围内的内部突变，如租赁或公寓式转换，“倍增法”等等。

总之，我们提出来的构想要从调查结果中获取权威性，但并不试图通过实体环境操作，把社会秩序强加在人们的生活上。这一构想通过提供具有促进性场所作用的环境，使居民们能够从中选择自己的配置内容，从而力求打破在形式上设计社区感的传统。这一构想更加强调沿连续体的流动、运动，更加承认交织、重叠的空间，正是这些才使离散而有关联的毗邻关系不那么重要。这一构想在构成上应该是横向的、寻求边界式的和“离心式”的，有多节点式增加吸引中心的各种场所。其组成部分和配置内容应该形式灵活，足以满足用户群体的各种特殊需要，尽管这种灵活性意味着不同群体要有不同的构成，并且这一方案还应该形态多样，既要足以成为新城市区域的基础，还要足以适应现有城市区域。最后，这样的构想应该不仅有助于服务地方住区需求，还要服务于大都市范围的需求。

符合标准的提案

按照我们建议的种种方针，会形成一个什么样的提案呢？这个问题非常自然，但必须谨慎作答，因为无论怎样回答都有风险。邻里单位思想原本作为一种实现社会目的的手段提出来，但是，在把社会方面、政治方面和道德方面的问题转化为三维空间设计的过程中，这一思想变成了越来越受到重视的目的本身。在手段－目的这一链条中，人们究竟愿意把注意力集中在哪个环节上呢？要确定这个问题的确存在困难：一个人的手段对于另一个人来说就是目的，而且还是第三个人通向不同目的的手段。我们认为，只有把居住空间当作一种促进满意度的手段，才能在很大程度上（但并不是全部）提高居住生活的满意度，不过，即使实施了这样的设计，也并不代表就达成了那种满意度。

因此，我们认为细节详尽的提案只会落入邻里单位思想一样的窠臼。详细提案的特殊性恰恰可能把各种选择性排除在考虑范围之外。从更基本的意义上说，对这些标准进行详尽的图示化表达，就在不知不觉间错过了我们所竭力推求的重要意义。这样的提案一下子就变成了动态环境下的一个静态表现，往往还会明确划分出那些本来模糊主题。因此，我们必须慎重地只提供一个原型基础，让设计师和当下背景去充实具体情况下所必需的那些更加具体的细节。

不过，有了这些注意事项，我们就可以勾勒出这种方法应该有的一些选择性配置内容。所附示意图（图 7.10）表示了这些配置内容。其主要特征如下：（1）配置方案要表示居住单元和住区内必不可少的公共与私营设施之间的最优关系；（2）不以层级结构或结构单元式的组成形式为基础；（3）被视为居住规划的空间框架基础的，是服务和设施的廊道或节点，而不是住区或住宅集群；（4）不管怎样，这些服务和设施不属于任何一个住宅单元的专属领域；（5）节点或廊道上包含的服务和设施要有精确的搭配和容纳能力，必须反映临近区位上的居民密度和混杂性；（6）虽然不希望采用分散的、限定

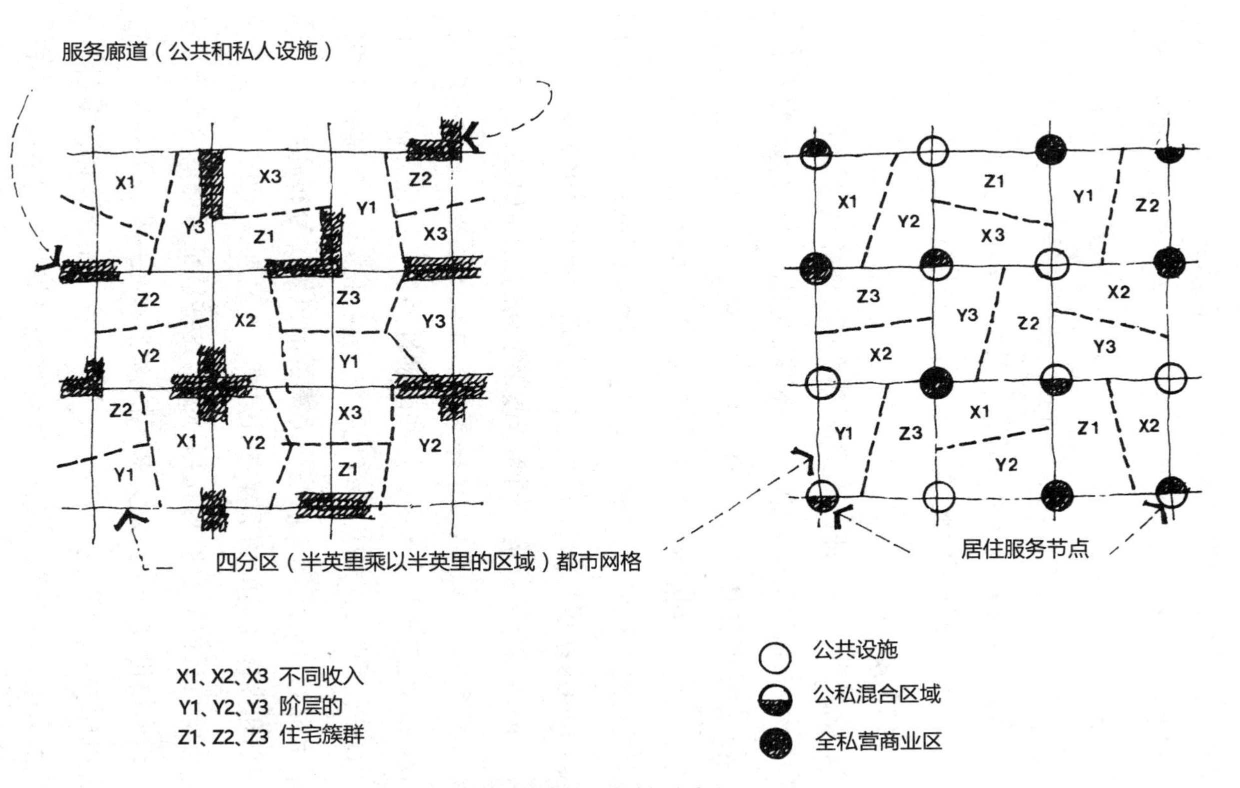

图 7.10 此处讨论提案的两个选择方案图示

领域的以及同质性的居住“细胞单元”，但承认在住区范围内采用马赛克拼贴式的“住宅集群”具有可行性；（7）不过，这些住宅集群本质上都可以看作是住宅单元集合，这些住宅单元通过设计、密度、承受能力或者某些其他共同的场地或实体特征等，形成匀质的实体单元；（8）这些集群虽然逐渐代表了某种因居民收入或生命周期阶段相似而产生的社会同质性，但并不能据此对其社会凝聚力和“邻里”性做出任何推断。

我们把最后三个特征归入到需要考虑的现存城市社会生态，以及居住规划与设计的某些实际考虑因素。因此，这些特征的作用无非就是：（1）承认住区既不是物理意义上的、也不是社会意义上的单一结构，承认不同的住宅集群很可能居住着不同的社会群体；（2）解决居住在不同住宅集群中的不同社会群体多变的服务需求和偏好；（3）认识到这些很可能就是要在未来改造和改变的单元（McKie，1974），因而很可能就是不同邻里改善策略的目标（Downs，1981；Goetze，1976）；（4）认为这些实体单元代表了不同社会群体最可能也最可行的空间流动增量，这些流动性通过一些充分研究的过程诸如“过滤作用”、“中产阶级化”、“位移化”、“倍增弥补法”、更新或土地划分等实现。这些住宅集群的位置、分布和组合，都是居住规划和设计框架中的重要考虑因素。

上述就是我们的空间乌托邦特征。这些特征虽然看来似乎会满足本章前面讨论过的大多数要求，但是仍然存在一些棘手问题。首先，这些配置内容如何满足公平性？或者，这些方案需要做出某种修改才能满足公平性标准吗？其次，我们要怎样做？换句话说，借助什么样的基本过程才能实现这样的理想状态呢？这两个问题的答案在一定程度上是相关的，因此我们将同时处理这两个问题。

如果暂时把这些空间乌托邦搁置一边，那么，至少从理论意义上来说，可以借助不同但未必相互排斥的途径，来实现居住环境服务和设施的公平分配。这些途径有：（1）城市形态的民主化；（2）公共资源的补偿式配置；（3）“公共选择”范式下的贫民窟化；（4）社会群体的去贫民窟化。这些观点都不是我们的原创（尽管我们这里使用的名称可能并不常见），每个观点都有一批拥护者，包括学者、学术界人士和专业规划人员等。让我们看看这四种途径对我们先前提出的说明性空间框架有什么启示。

城市形态的民主化

这种方法受社会、政治以及环境等方面的均等性精神启发，设想城市形态是为所有人的享乐和利益而存在的。林奇（Lynch，1981）堪称这一理念的支持者，他曾经强调，可达性与控制权是良好（有效而公平）城市形态的两个重要特征。一个易达性良好的城市形态，不仅向所有人提供其全部资源和设施的方便可用，而且还假设所有人都有平等的流动性。控制权不仅意味着政治平等，而且，在这种情况下，还意味着个人有权塑造自己的周围环境。

我们把森尼特（Sennett，1970b）也列为这种方法的支持者之一，尽管他所采取的立场多少不同，而且对城市形态的处理方法也有所不同。他一直认为，规划人员对空间秩序的探索已经造成了社会群体的隔离，他还认为，为了促进不同群体之间的民主化进程，在综合各种用途、设施和服务时，一定程度的“拥挤”和“混乱”是必要的。森尼特处理城市形态的方法也暗示了紧凑式居住和一种公共与私人设施的“超量刺激”（或有计划地盈余）[4]。表面上看，这一处理方法虽然旨在增加社会交往的密集性和多样性，但是也意味着所有群体都拥有均等的城市资源可达性。

因此，可达性、控制权、混乱、拥挤、超量设施等，这些都可以看作民主城市形态的某些基本宗旨，不过，要将这些概念综合起来却不太可能，冲突总是不可避免。例如，无序的城市都不太易达，反之亦然。这种处理方法还存在其他一些概念上和实践上的问题。在面对不平等流动性时，一个易达的城市形态本身可能就不会产生公平的机会分配，不平等流动性基本上是收入不平等的结果。居住环境的地方控制权导致规划和管理决策的权力分散，这可能造成一定程度上的混乱、过剩或者拥挤。但是，如果各种设施的理想“超量刺激”状态达到意味着场所和设施都有计划盈余的程度，那么这种状态既不可能借助正常的市场机制实现，也不可能借助财政紧缩时期的公共资源分配实现。一面是混乱、拥挤和供给过剩，一面是环境公平性（如果不是平等性的话），二者之间的联系虽然在很大程度上还只能猜测，但可以认为，把控制权从设计决策向局部层面转移，即“一种自下而上的方法”，可能就会对结果产生积极影响，因为这种转移会以局部优先事项为基础，而不是以某些通用标准为基础。

不管怎样，这些民主化城市形态的标准，究竟如何适合或者改变了我们前面的乌托邦呢？一方面，我们的模式具有普遍性，足以使这些标准中的大部分都仍然适用。另一方面，设计决策的局部控制权可能会造成某些冲突性发展。例如，基于局部的规划决策，可能会导致一种新的“孤立主义道德”（Sennett，1970a），从而退回到细胞式一致性和公共设施的专属控制。总之，这些正是都市区域里的小型、地方性社区所具有的特征。这与我们的说明性乌托邦的某些目标有明显冲突。

公共资源的补偿性配置

里奇（Rich，1979）通过回顾相关文献得出结论，认为对公共服务内部管辖权分配的实证研究显示，“在客观衡量标准相同的服务配置中，既有模式化的不均等性，也有非模式化的不均等性”，不过，这不一定是出于对穷人的偏见[5]。这里的公共服务，包括诸如教育、图书馆服务、治安保护、休闲设施以及街道维护等。但是，正如他所指出的那样，这些研究考虑的是像邻里设计标准这样的输入措施（他称之为“政策产出”），而不是输出措施（他称之为“政策结果”），也不是邻里居民的居住满意度。他认为，反而是政策结果上的不平等性，才应该作为平等性研究的焦点。确实，一样的标准可能并不意味着一样的结果，当然就不可能推进平等的进程。这种观点实质上支持了我们前面的观点，即：不平等的设计或标准对确保平等的结果来说，可能是必要的。

我们的研究结果所表明的不平等性，以居民的眼光来看实质上就是一种输出或“政策结果”。为了补偿这些差异性[6]——即，促使贫困区域的环境质量达到标准，哪怕是达到他们自己的标准和期望值[7]——就需要进行公共资源的补偿性配置。以“平等保护”的名义采用同等标准显然是行不通的。贫困区域充满了犯罪和暴力恐惧，那里可能比其他地区更需要高水平的治安保护。这种高水平虽然意味着服务上的不平等，却会形成更为公平的分配，这是因为，受助人将“在得到服务后，处于比以前更为接近平等的生活环境”（Rich，1979）[152]。

这种公平性标准是建立在“结果公平”理念上的（Levy，Meltsner and Wildavsky，1974）[16~18]，而且接近罗尔斯（Rawls，1971）所倡导的伦理体系[8]。但是，如果改善穷人区的环境设施或服务所采取的公共资源补偿性配置，必须以减少其他地区的服务为代价的话（而且这可能尤其适用于除资产改良外的各种服务），那么，无疑就会违背另一个公平性标准[9]——“帕累托最优”（Pareto Optimality，该准则对特定社会形态的历史视而不见）。按照西方民主的自由主义传统来说，这种违背是不被接受的。

就像前面情况一样，补偿性方法的基本局限性在于，对于那些通常由私营部门提供的服务和设施没有做出明确的规定。也就是说，即使有可能为贫穷邻里提供邻里公园、自行车道、路灯等，也有可能大幅度地增加消防和治安保护，还有可能通过公共法令消除不良的土地用途和环境特征，但是，他们的场所缺失项目列表（第5章）仍然会保持很长。难道公共政策还能强迫超市或连锁药店开设在贫穷的邻里中心吗？

最后，我们的乌托邦空间能借助这一补偿性方法实现吗？我们认为不会，尽管其大目标与我们的提案可能并不抵触。公共资源补偿性配置就其本身来说，并不可能足以推进居住品质资源配置的公平发展。这一途径只会创造出粉饰一新的穷人聚居区，就像伟大社会时期的示范性城市计划（the Model Cities program）实现的那样。

公共选择范式下的贫民窟化

由于缺少更合适的术语，我们把第三个公平性途径叫作贫民窟化策略，尽管公共选择理论家们很可能会反对这样的表述。按照这个观点，公平性概念在很大程度上可以看作是一种“制度公平”，其中服务机制公平性本身不是目的，而是实现生活机会公平分配这一目的的手段（Rich，1979）。在这里，值得强调的是机构职责和能够满足服务需求的平等的机构可达性。公共选择理论家们会认为（Bish，1973，1975），服务公平性——借用“制度公平”的说法——只有在

“政治单位组织有序，使得服务受益人同时也是决定服务特点、并为其支付费用的群体”（Rich，1979）[387~388]的时候才能实现。在大都市层面上，这意味着地方性社区的小型化和同质性，可能提供了服务供需间的最好“良好匹配”，而且消除了公共物品的“有限可分性”和“搭便车”现象这两个难题。服务公平性还宣称，在这些情况下，自主自愿的前景和“协同生产”的益处都能大幅增加。所谓“协同生产”的益处在于，消费者们间接地促进了服务的高效生产，比如通过阻止乱抛垃圾或者通过动员自愿清理活动等（Rich，1979）。

从内部管辖权角度来看，这种方法实际上是对地方性服务的生产和消费实施邻里控制，因而有形成第四级政府之嫌。里奇（Rich，1977）的确提出过一个详尽的制度形式方案，说明了这样的政治单元如何组织起来，它们之间又如何互相作用。在这种服务产品权力分散化模型中，更具竞争力、自由市场式的环境取代了公共服务生产的垄断性质。当然，公共选择理论家们也认识到，贫穷邻里不会有足够的税收或资源来支持他们自己的服务生产，他们也承认，来自其他更高级别政府渠道的补贴将必不可少。因此，收入再分配会仍然有效，但公共服务不会是这种再分配的作用机制。归根结底，他们的做法实际上正是古典经济学意义上的效率问题，即：如何使公共部门像市场经济那样发挥作用。由“制度公平”而来的均等性观点不过是一个托词罢了。

但是，这种发展的社会影响又是什么呢？内曼（Neiman，1975）曾经提出过一个正确的观点：就像公共选择理论所倡导的那样，基于同质性的自主权常常受到土地利用控制权和分区化实践活动的保护，这一点在专属的郊区和实行无增长方针的社区里很常见（Frieden，1979）。在邻里层面，也完全可以采用类似的做法，把

"不受欢迎的"人排除在外，从而限制很多人的流动性和公民自由。这些做法可以永久性地固结居住空间分化，从而形成永久的贫民窟。城市确实可以两极分化：一面是服务依赖型人群的"公共之城"（Dear，1979；Wolch，1979），一面则是富人炫耀性消费的"私人之城"。这一做法会滋长森尼特（1970a，1970b）曾经哀叹过的那种孤立、异化和彼此恐惧感。事实上，此情此景正是森尼特和林奇（Lynch，1981）两人都曾经主张过的民主城市形态的极端状态。

因为这种模式的焦点只在于公共服务分配，所以，对于如何在私营部门提供的其他设施和服务的可达性上实现公平性这个问题，几乎没有给予任何回答。事实上，这一模式甚至没有提到服务机制的贫民窟化模式对私营机构坐落位置和发展所产生的影响。和前两种途径类似，这一途径本身也未能提供一张路线图，通往我们最初提出来的乌托邦。

社会群体的去贫民窟化

在处理各种公平性问题时，必须认识到一个根本性问题，那就是城市机会的生态和城市贫困人员的生态在空间上并不同界。这些互不重叠的生态形式虽然被古典经济学理论解释为土地竞租作用的必然结果，但是在现实中，却深受许多非市场体制藩篱和政治藩篱的保护。专属性分区制、契约、小区规划法则、城市更新以及实际上的邻里单位准则等（让人想起第2章一些人的观点，如Bauer，1945；Isaacs，1948a、1948b、1948c；Wehrly，1948），这些都是我们熟悉的规划手段，也一直都是这些保护作用的一部分。

因此，两极分化的城市场景已经存在于很多案例中，我们在前面的讨论中曾经否定过这种两极化。学者们曾经将其形容为**二元论**

现象：即关于经济、市场和社会进程的两条独立路线。在住宅规划与设计的语境背景下，可以用公共服务和消费机会的**空间二元论**来定义这个问题。而且只要这种二元论存在，那么空间设计上的公平性问题就永远不可能借助补偿性方法、服务机制体系的制度设计、抑或是城市形态的民主化等得到充分解决。

那么，我们真正需要的，是一种能够尽可能地缓解这种空间二元论的策略，从而在城市服务和消费者机会分配上实现最大化的公平性。而且，考虑到当前市场和公共服务体系的诸多约束，实现这一目标的方式之一，就是将贫困人口搬迁至这些设施的现有节点和廊道附近。这种做法相当于打碎“贫民窟”——很可能从收入范围的两端，但尤其要从贫穷的那一端。这种去贫民窟化策略并不一定意味着按照阶层、种族或家庭周期阶段来进行精密整合，那样做既不可能，也无必要，许多社会科学家已经从社会或行为背景方面做过严格论证（Booth and Camp，1974；Gans，1961；Greenbie，1974）。相反，我们要阐述的去贫民窟化设想，是一个粗犷结构的混合体，但比我们今天所看到的要精细得多。正如我们前面所指出的那样，单个的住宅集群可以为这样的混合结构提供最适宜的规模。

去贫民窟化思想并不新鲜。有人曾经出于平等性、公平性和人的发展机遇等原因而倡导过这个思想。安东尼·唐斯（Anthony Downs，1973）、大卫多夫夫妇与戈尔德（Davidoffs and Gold，1970；1971）都一直认为，只有在富裕郊区社区的保护屏障打破以后，去贫民窟化进程才能真正开始。在经过了多年的合法化斗争以后，这个方面才取得了一些进步。最近出现了包容性分区倾向，即借助私营部门来增加中低收入者的住房供给，这种倾向已经启动了一定数量上的不同收入阶层的精细组合。在某些情况下，租赁控制措施已经停止或者至少减缓了现有异质性社区的阶层分化。另一方面，随着中高收入群体回迁到内城区邻里，中产阶级化也在某些案例中产生了去贫民窟化的影响。如果与中产阶级化相联系的位移问题能够避免，或者由其他邻里同一阶层人员的房屋置换问题所抵消，那么，复兴计划对于穷人来说就不会那么不情愿了（Sumka，1979；Hartman，1979）。

最后，我们必须注意到某些值得关注的变化，这些变化正在现有住房消费模式中悄然发生。住房贷款失去合理的按揭比例，住房成本上升，这些使得新组建家庭在置办住房方面日益困难。如果高利率继续，那么不动产的投资吸引力无疑就会下降。如果当前行政机构正在讨论的无折扣、固定费率所得税等提案真的实施的话，那么自购住房的动机就可能被进一步扼杀。在任何情况下，随着越来越多的美国家庭被迫加入租房行列，或者被迫只能购买更小的住房空间（诸如分契式公寓、两或三个家庭共享一套住房以及移动房屋等），那么，传统的对紧凑型和混合型住区的反对之声就可能消失。经济形势、女性作用和家庭结构等都在发生变化，这些都可能迫使其他必需品位居前列，使得分级混合住区更加实用，就像许多第三世界国家的城市那样。因此，职业妇女可能再也找不到郊区环境作为理想的场所，而且可能更愿意生活在一个附近就有保姆服务和家政服务的区域。的确，去贫民窟化的设想可能终究也没完全乌托邦化。

策略组合

虽然上一种途径与我们的空间乌托邦最为匹配，但是，最理想的发展愿景却应该包括刚才讨论过的四种途径的全部要素。城市范围（或都市区域范围）的居住规划策略，应该从公共资源（尽管，表面上这似乎也是一个中央官僚式的决策）向最匮乏和最缺失地区的补偿性配置开始。那么，公共设施和服务方面的这些改善，就很可能会给这些地区带来最小化的可接受阈值。在这些区域中，有一部分那时可能就为某种复兴——没有位移的中产阶级化——以及高层次居民的涌入做好了准备。在这一阶段展开的同时，城市或区域范围的穷人去贫民窟化策略也在同时进行。显而易见的是，有可能利用包容性要求作为现有用地模式上的“区划叠加”，并在私人或公共地块划分或再开发事项中强制实施这些要求。随着这些进程开始，城市资源对于所有人的易达性都会增加，个体对个人行为圈的选择权和控制权也会增加。随着消费群体的混合，商业机构无疑会多样化，从而增加社会群体之间的社交互动机会。因此，我们发现，一旦去贫民窟化过程完成，城市形态的民主化就成为可能。最后，一旦稳定状态得以实现，公共服务的消费和生产效率就可以通过地方性组织和控制权而实现最大化，在这种情况下，实现最大化的基础并不是同质性，而是某些其他的自然发展起来的群体联盟，这些群体共享一个区域，具有共同利益。

结论

第 2 章曾经在一个框架下诠释了邻里单位思想的起因，现在，我们要在同样的解释框架下对上述替代性方法进行重新整理，做一总结。

为了探究有关的价值观念问题，我们假定新的背景价值观念将以个性化为主。我们没有创建一个策略去推行精英价值观，或者把这些价值观强加给社会，从而塑造良好的公民形象，或者至少把他们从无计划、不正规的城市蹂躏中拯救出来。相反，关于身心健康的全新价值观念应该采取更加个性化的途径。我们也没有提倡以某种特别的方式来设计住区，从而实现某些更大的社会目标。相反，新方法要解决的问题是：我们如何设计住区，才能实现每个居民的福祉？这更像是一种“自下而上”的对待问题（及其需要的解决方案）观点，在这种观点中，每个人的身心幸福都被视为通过聚集效应通向社会的福祉。另一种途径的假设是，如果我们提供的环境有利于社会目标，那么我们就可以保证，身处这个社会的个体也同样会得到良好的供给。过去的推荐设计模式只有一个，这一事实或许恰恰暗示了人们潜意识里对社会一致性的渴望，而最近人们则寻求选择性的生活方式以及相伴而来的设计模式，反映了个人主义和自由主义越来越受到关注。

反过来，这种全新的个人主义方法又支持了我们自己的显性构想。如果我们强调网络、沟通渠道以及流动与运动的路径，那么，我们强调的就是邻里的不断变化，而不是一成不变。在这一框架下，居民们就能按照自己喜闻乐见的方式来更好地组织自己的住区。这种能力可以使他们获得一种“邻里漫游”感（Reimer，1950），而不是一种静态邻里感。个体也可以自下而上地构建并重建自己的个人形式，而不是由社会以规定好的、统一的标准自上而下地指定形式。也就是说，我们提供的是骨架和神经系统，个体可以为满足自己的需求和目的而使其变得丰满。此外，我们提供的框架，既不妨碍他们自己的个性化建构（一个构想如果过于限定边界或过于僵化，就会产生妨碍），却又可以让他们按照对自己有意义的各种方式来进行组织。

我们已经提出过，在这种个人主义框架内，居住构成的隐性价值观必须强调公平性。环境场所、舒适性设施、便利性设施以及服务等，通常都是人们期望在住区里能够拥有的资源，如果这些资源不能在一定程度上实现公平配置，那么就不可能提高所有人在生活机会和体面的居住环境方面的个人际遇。我们的显性构想呈现了不同住宅集群在网络、廊道和节点方面的最优化配置，以此来设想分配公平性，但是，只有借助现有城市形态的某些刻意改变，这一愿景才能得以实现。为此，我们重点强调了可能实现公平性的一些策略，也提出了相应的建议。

上述种种建议都不可能是终极方案。或许还存在其他的方式，可以对这些背景的、显性的和隐性的价值观念做出回应。但是，这一切与价值观念本身相比，就相对不那么重要了。只要这些价值观念是适宜的，那么，制度与设计无疑就会与之相适应。

注释

1 我们没有从受访者那里提炼出关于住区的任何构想，哪怕是一个主导性的构想都没有，这一事实至少暗示了三种可能性。首先，这可能只是我们所用方法造成的人为结果（例如，我们的研究假设、抽样方案或采访协议等），而并不是现象本身的作用结果。不过，其他研究采用了更严谨限定的研究变量（参见 Lee，1968），并且依据不同方法和全国范围的抽取样本（Coleman，1978；U.S. Department of Housing and Urban Development，未注明出版日期），也同样认为居住环境的感知和建构范围广泛，其中许多结果与我们的研究相似。

第二种可能性是，我们的调查结果受到了研究实施环境（即洛杉矶）的影响。反馈的多变性可能仅仅反映了洛杉矶都市区域居住选址在物理特征上的巨大差异。与此类似的另一个解释表明，洛杉矶地区无定形的、缺乏特征的成片无差别化扩张，阻碍了主导构想的形成，或者说，城市内部的居住高度流动性——这是洛杉矶居民的典型特征——造成了这种对居住环境的“多样化愿景”。所有这些解释似乎都合理，但我们认为，洛杉矶代表了西部和西南部的最大都市开发，也是南部和东部许多新兴郊区开发的典型，因此，这种“偏向性”当然不无关系。

我们认为，最可能的解释是：个人由于在价值观念、品味、生活方式、性格特征等方面都存在差异性，才导致了对居住环境构想的极度多样化，正因为这一点，我们才会看到人们在理解住区对于人的意义，以及环境中究竟什么最重要等问题时，有如此多种不同的感受。

2 亚历山大等人（Alexander et al.，1977）又进一步发展了这个概念，提出了实体设计的具体标准。

3 为设计行业公平起见，我们必须补充一点，不顾复杂性而强加秩序和组织的倾向，并不为设计师所独有，我们知道还有其他一些人也屈从于这种人性弱点。我们还记得，社会学家萨特尔斯（Suttles，1975）的社区设计框架模式也显示出完整的层级结构。

4 例如，参见“理查德·塞纳特关于民主理论与城市形态的讲座”（Sennett，1982）。

5 但是，公民对邻里服务的感知具有差异性，这方面的实证研究显示了粗略的平等性（请受访者对自己的邻里服务与其他邻里服务进行评价比较），尽管很多研究人员都怀疑以这样的感知来替代客观手段是否正确（Rich，1979）。还有其他理由质疑这些研究结果：邻里自尊心、千变万化的预期水平、可变的满意度阈值（Campbell et al.，1976）、对公共服务提供体系的技术方面所知有限等，都会使这样的感知失真。在任何情况下，都不要认为这些研究结果与我们的研究结果互相矛盾，因为我们并没有向受访者询问有关具体邻里服务或其他用来比较的特质。我们更感兴趣的是居民对当前环境的总体感知和评价。

6 当然，公共选择领域的学者们会认为，结果均等是极为困难的，而且评测起来耗资巨大，并因此认为这样的目标不见得可行（Rich，1979）。

7 即穷人有较低的预期水平——因而有较低的满意度——这一点坎贝尔等人（Campbell et al.，1976）曾经解释过。这一点在我们研究的其他部分中一直都很明显——特别是涉及属性满意度和偏好权衡方面。带来的影响是，把贫穷地区的环境质量提升到居民的期望状态，可能仍然与任何客观的均等性结果相差甚远，就像通过犯罪发生率或空气污染物水平来进行判定一样。

8 舒尔茨（Schulze，1980）解释了罗尔斯的观点，即：当最差的福利提高了，社会的福利就提高了，这在本质上表达了一种平等主义的道德观。

9 我们省略了“市场公平性”的理念，实际上按照公共选择理论家的说法，市场公平性理念实际上加剧了现有的不平等（Rich，1979）。

附录 A

调查问卷

居住环境背景问题调查

保 密 1-6/

说明

1. 此调查问卷只需几分钟即可完成。在回答问题之前，请花时间仔细阅读问题。
2. 调查问卷分为两部分。第一部分以整个家庭作为调查单位，由户主回答。第二部分涉及被选中接受采访的家庭成员，由该成员回答。如果户主正好是被选中接受采访的那个人，那么第一和第二部分均由他或她来回答，第二部分的第 2–4 个问题则跳过不答。
3. 页面右侧边缘的数字用于辅助计算机处理信息，无须填写。填写问卷时请忽略。
4. 如有可能，请在采访人员约定的采访日期之前完成此调查问卷。不过，如果对问题有任何困惑，可以在采访人员到达后，随时请采访人员予以帮助。

第一部分

家庭问题

以下问题由户主回答。

1. 您的家庭有几口人？请记得包括新生婴儿和平时住在这里、但现在不在的人。

____

人数 7,8/

2. 家庭成员中，年龄小于 17 岁的孩子有几个？ ______________________ 9,10/

3. 年龄小于 17 岁的孩子分别几岁？性别如何？

	年龄	性别 *（圈选一个）*		
（1）	__________	男	女	11–13/
（2）	__________	男	女	14–16/
（3）	__________	男	女	17–18/
（4）	__________	男	女	20–22/
（5）	__________	男	女	23–25/
（6）	__________	男	女	26–28/
（7）	__________	男	女	29–31/
（8）	__________	男	女	32–34/
（9）	__________	男	女	35–37/
（10）	__________	男	女	38–40/

4. 户主的性别是： □男 □女 41/

5. 户主目前的工作状态如何？ 42/

（圈选一个）

全职工作 1
兼职工作 2
失业 3
退休、赋闲 4
家务 5
上学 6
其他（请说明）..... 7 ______________________

（注：第二阶段调查采访中用于低收入黑人和西班牙裔群组的缩减版调查问卷不包含第 11、12、13C、13D、18 和 19 项。）

保 密

6. 如果您有工作：

a. 户主的工作是哪种类型？*（如：教师、售货员、领班等）* ________ 43-45/
b. 户主在哪个行业工作？*（如：中学、鞋店、汽车装配厂等）* ________ 46-48/

7. 如果这是一个由夫妻组成的家庭，请问妻子是兼职工作还是全职工作？ ____ *是* ____ *不是* 49/

8. 户主完成的最高学历是什么？
（圈选已完成的最高级别）

无	初级	中学	大学	研究生
0	1 2 3 4 5 6 7 8	9 10 11 12	13 14 15 16	17 18 19 20+

50,51/

其他学校教育*（如：贸易技术、商业学校等）*

________ *学校类型* 52/
________ *学制* 53/

9. 您的住宅是：

（圈选一个） 54/

独门独户住宅 1
双联式住宅 2
三联、四联式住宅 3
排屋（联排式住宅） 4
花园住宅或花园独立产权公寓 5
低层电梯住宅或低层独立产权公寓（3–7层） 6
高层住宅或高层独立产权公寓（8层及以上 7
移动住宅 8
其他（请说明） ......9 ________

10. 您的住宅使用权：

（圈选一个） 55/

a. 为该家庭成员之一所有或购买 1
b. 租赁 2
c. 其他（请说明） ...... 3 ________

11. 如果您所住房屋为自有，或者正在购买，该房屋的现价是多少？也就是说，现在该房屋的市场价格会是多少？

（圈选一个） 56,57/

低于10000美元 1
10000~12499美元 2
12500~14999美元 3
15000~17499美元 4
17500~19999美元 5
20000~24999美元 6
25000~34999美元 7
35000~49999美元 8
50000~59999美元 9
60000~74999美元 10
75000美元及更多 11
不清楚 12

保　密

12. 如果您的住宅是租赁的，每月租金是多少？

（圈选一个）

不超过 60.00 美元 ....1　58,59/
60.00~79.99 美元 2
80.00~99.99 美元 3
100.00~119.99 美元 4
120.00~149.99 美元 5
150.00~199.99 美元 6
200.00~299.99 美元 7
300.00~399.99 美元 8
400.00~499.99 美元 9
500.00~599.99 美元 10
600.00 美元及更多 11

13. 上个年度（1971 年）家庭收入是多少？这里的家庭收入，是指来自全部家庭成员所有来源的税前收入总和。不过，该收入中，用于供养另一个家庭的收入部分不计算在内。

（圈选一个）　60,61/

少于 2000 美元 1
2000~3999 美元 2
4000~5999 美元 3
6000~7999 美元 4
8000~9999 美元 5
10000~11999 美元 6
12000~14999 美元 7
15000~19999 美元 8
20000~24999 美元 9
25000~29999 美元 10
30000~39999 美元 11
40000~49999 美元 12
50000 美元及以上 13

14. 去年（1971 年），有多少人依靠这个家庭收入？ ______________　62,63/

人数

15. 家庭中有多少人兼职或全职工作？ ______________　64/

人数

16. 该家庭成员拥有的交通工具一共有多少？

（填数字）

汽车 ______________　65/
卡车、野营车、大篷货车等 ______________　66/
摩托车、电动自行车 ______________　67/
自行车 ______________　68/
其他（请说明） ______________　69/

17. 家庭成员还可以利用的其他交通工具有哪些？　70/

公共汽车 1
合伙用车组织 2
朋友的汽车 3
其他（请说明）...... 4 ______________

18. 距离最近的汽车站需要几分钟时间（步行）？ ______________　71,72/

不知道 ______________　73,74/

75-78/0101

保 密

第二部分

回答问题

下面问题由被选中接受采访的人回答。如果那个人正好是户主，则跳过第二部分的第 2–4 个问题。 *1–6/*

1. 您与户主是什么关系？

（圈选一个）

户主 1 *7/*
户主的配偶 2
户主的儿子或女儿 3
户主或配偶的父亲或母亲 4
户主或配偶的其他亲属 5
房客、寄宿者 6
其他，与户主没有关系（请说明）............ 7

2. 您现在的工作状态如何？

全职工作 1 *8/*
兼职工作 2
失业 3
退休、赋闲 4
家务 5
上学 6
其他（请说明）............ 7 ____________

3. 如果您有工作：

a. 您的工作是哪种类型？*（如：教师、售货员、领班等）*

____

____________ *9–11*

b. 您在哪个行业工作？*（如：高中、鞋店、汽车装配厂等）*

____

____________ *12–14*

4. 您完成的最高学历是什么？*（圈选最终完成的最高级别）*

无	初级	中学	大学	研究生
0	1 2 3 4 5 6 7 8	9 10 11 12	13 14 15 16	17 18 19 20+

15, 16/

其他学校教育（*如：贸易技术、商业学校等*）____________ *17/*

____________ ____________ *18/*

学校类型 *学制*

保 密

5. 美国人有许多种不同的类型。因为黑人、白人和墨西哥裔美国人在洛杉矶人口中占大多数，所以本研究中，我们对这些群体尤为感兴趣。您认为您的种族背景是哪一个?

（圈选一个）

黑人 1
白人 2
棕种人或墨西哥裔美国人 3
其他（请说明）............................ 4 ________________ *19/*

6. 请您说明一下，截止到现在并包括现在，每 5 年您所住区域的规模情况。请在第 2 列的每一行（“年龄”）中，填入第 1 列的准确字母（“城市类型”）。例如，如果您在 16–20 岁期间居住在洛杉矶，就请在第 4 行填入字母 A。如果您在任意一个 5 年的时间内，在不同规模的城市里都居住过，就请在那一行按需要填入相应的多个字母。

第 1 列 **城市类型**	**年龄**	第 2 列	
A. 大城市	1. 0 ~ 5 岁	________	*20–22/*
B. 中等城市	2. 6 ~ 10 岁	________	*23–25/*
C. 郊区	3. 11 ~ 15 岁	________	*26–28/*
D. 小城市	4. 16 ~ 20 岁	________	*29–31/*
E. 乡村	5. 21 ~ 25 岁	________	*32–34/*
	6. 25 ~ 30 岁	________	*35–37/*
	7. 31 ~ 35 岁	________	*38–40/*
	8. 36 ~ 40 岁	________	*41–43/*
	9. 41 ~ 45 岁	________	*44–46/*
	10. 46 ~ 50 岁	________	*47–49/*
	11. 51 ~ 55 岁	________	*50–52/*
	12. 56 ~ 60 岁	________	*53–55/*
	13. 62 ~ 65 岁	________	*56–58/*
	14. 65 岁以上	________	*59–61/*

7. 您去年（1971 年），所有来源的税前个人收入是多少?

（圈选一个） *62,63/*

少于 2000 美元 1
2000~3999 美元 2
4000~5999 美元 3
6000~7999 美元 4
8000~9999 美元 5
10000~11999 美元 6
12000~14999 美元 7
15000~19999 美元 8
20000~24999 美元 9
25000~29999 美元 10
30000~39999 美元 11
40000~49999 美元 12
50000 美元及以上 13

75–78/0102

居住环境调查

南加利福尼亚大学

第二阶段调查采访

住区名称 ____________________

采访对象编号 ____________________

采访编号 ____________________

采访日期 ____________________

开始时间 ____________________

结束时间 ____________________

采访时长（分钟） ____________________

1. 请描述您居住的住区。
（询问：还有别的吗？）

1-6/
7,8/
9,10/
11,12/
13,14/
15,16/
17,18/
19,20/
21,22/

---

2. 您的住区在哪些方面称得上是一个好的居住空间?
（询问：还有别的吗？或者还有其他方面吗？）

23,24/
25,26/
27,28/
29,30/
31,32/
33,34/
35,36/
37,38/

---

3. 您的住区在哪些方面算不上一个好的居住空间？
（询问：还有别的吗？或者还有其他方面吗？）

39,40/

41,42/

43,44/

45,46/

47,48/

49,50/

51,52/

53,54/

4. 总体来看，您的住区
（圈选数字）

很好 1

好 2

一般 3

凑合 4

糟糕 5

55/

5. 下一个问题请您自己填写。第一页有填写说明。请把标注为问题 5 的答题纸发给受访者。

问题 5 答题纸

说明

我们想了解您如何描述您的住区。接下来的两页问卷列举了许多对意义相反的词语。每一对词语由一条线分开，这条线上每个位置的意义分别如下所示：

吵闹的 ______ : ______ : ______ : ______ : ______ : ______ : ______ 安静的

1	2	3	4	5	6	7
很吵	相当吵	有点吵	不吵也不静	有点安静	相当安静	很安静

在接下来两页问卷上，请在每对词语最好地描述了您所在住区的那个位置上打钩。例如，如果您的住区是“有点安静”的，就请在 5 位置处打钩。相反，如果您的住区是“相当吵”的，就请在 2 位置处打钩。请在后面两页问卷上重复此任务，但在那两页上要勾选的，是每对词语中最好地描述了您的理想住区的位置。做勾选决定时请不要花太多时间，我们希望得到您的第一印象。

我的住区是……

	1 非常	2 很	3 有点	4 一点也不	5 有点	6 很	7 非常		
吵闹的	____	: ____	: ____	: ____	: ____	: ____	: ____	安静的	7/
友好的	____	: ____	: ____	: ____	: ____	: ____	: ____	敌意的	8/
新建的	____	: ____	: ____	: ____	: ____	: ____	: ____	老旧的	9/
贫穷的	____	: ____	: ____	: ____	: ____	: ____	: ____	富有的	10/
不安全的	____	: ____	: ____	: ____	: ____	: ____	: ____	安全的	11/
地位高的	____	: ____	: ____	: ____	: ____	: ____	: ____	地位低的	12/
华丽的	____	: ____	: ____	: ____	: ____	: ____	: ____	朴素的	13/
精美的	____	: ____	: ____	: ____	: ____	: ____	: ____	粗糙的	14/
有序的	____	: ____	: ____	: ____	: ____	: ____	: ____	混乱的	15/
个性化的	____	: ____	: ____	: ____	: ____	: ____	: ____	无个性的	16/
粗制滥造的	____	: ____	: ____	: ____	: ____	: ____	: ____	光洁整齐的	17/
放松的	____	: ____	: ____	: ____	: ____	: ____	: ____	紧张的	18/
简单的	____	: ____	: ____	: ____	: ____	: ____	: ____	复杂的	19/
廉价的	____	: ____	: ____	: ____	: ____	: ____	: ____	值钱的	20/
健康的	____	: ____	: ____	: ____	: ____	: ____	: ____	不健康的	21/
私密的	____	: ____	: ____	: ____	: ____	: ____	: ____	公共的	22/
积极的	____	: ____	: ____	: ____	: ____	: ____	: ____	消极的	23/
独特的	____	: ____	: ____	: ____	: ____	: ____	: ____	普通的	24/
激动的	____	: ____	: ____	: ____	: ____	: ____	: ____	无趣的	25/
现代的	____	: ____	: ____	: ____	: ____	: ____	: ____	传统的	26/
不方便的	____	: ____	: ____	: ____	: ____	: ____	: ____	方便的	27/
	1	2	3	4	5	6	7		

我的住区是……

	1	2	3	4	5	6	7		
	非常	很	有点	一点也不	有点	很	非常		
拥挤的	____ :	____ :	____ :	____ :	____ :	____ :	____	宽敞的	28/
美丽的	____ :	____ :	____ :	____ :	____ :	____ :	____	丑陋的	29/
舒适的	____ :	____ :	____ :	____ :	____ :	____ :	____	不舒适的	30/
令人满意的	____ :	____ :	____ :	____ :	____ :	____ :	____	令人不满意的	31/
融合的	____ :	____ :	____ :	____ :	____ :	____ :	____	隔离的	32/
无装饰的	____ :	____ :	____ :	____ :	____ :	____ :	____	感观美的	33/
正规的	____ :	____ :	____ :	____ :	____ :	____ :	____	随意的	34/
变化的	____ :	____ :	____ :	____ :	____ :	____ :	____	持久的	35/
人工的	____ :	____ :	____ :	____ :	____ :	____ :	____	自然的	36/
有安全感的	____ :	____ :	____ :	____ :	____ :	____ :	____	无安全感的	37/
肮脏的	____ :	____ :	____ :	____ :	____ :	____ :	____	洁净的	38/
温暖的	____ :	____ :	____ :	____ :	____ :	____ :	____	冰冷的	39/
被忽视的	____ :	____ :	____ :	____ :	____ :	____ :	____	有照管的	40/
宁静的	____ :	____ :	____ :	____ :	____ :	____ :	____	焦躁的	41/
小的	____ :	____ :	____ :	____ :	____ :	____ :	____	大的	42/
无用的	____ :	____ :	____ :	____ :	____ :	____ :	____	有用的	43/
冷漠的	____ :	____ :	____ :	____ :	____ :	____ :	____	健谈的	44/
多彩的	____ :	____ :	____ :	____ :	____ :	____ :	____	苍白的	45/
快的	____ :	____ :	____ :	____ :	____ :	____ :	____	慢的	46/
陌生的	____ :	____ :	____ :	____ :	____ :	____ :	____	熟悉的	47/
刻板的	____ :	____ :	____ :	____ :	____ :	____ :	____	灵活的	48/
	1	2	3	4	5	6	7		75-78/0501

我理想的住区是……

	1 非常	2 很	3 有点	4 一点也不	5 有点	6 很	7 非常		
吵闹的	____	____	____	____	____	____	____	安静的	7/
友好的	____	____	____	____	____	____	____	敌意的	8/
新建的	____	____	____	____	____	____	____	老旧的	9/
贫穷的	____	____	____	____	____	____	____	富有的	10/
不安全的	____	____	____	____	____	____	____	安全的	11/
地位高的	____	____	____	____	____	____	____	地位低的	12/
华丽的	____	____	____	____	____	____	____	朴素的	13/
精美的	____	____	____	____	____	____	____	粗糙的	14/
有序的	____	____	____	____	____	____	____	混乱的	15/
个性化的	____	____	____	____	____	____	____	无个性的	16/
粗制滥造的	____	____	____	____	____	____	____	光洁整齐的	17/
放松的	____	____	____	____	____	____	____	紧张的	18/
简单的	____	____	____	____	____	____	____	复杂的	19/
廉价的	____	____	____	____	____	____	____	有价值的	20/
健康的	____	____	____	____	____	____	____	不健康的	21/
私密的	____	____	____	____	____	____	____	公共的	22/
积极的	____	____	____	____	____	____	____	消极的	23/
独特的	____	____	____	____	____	____	____	普通的	24/
激动的	____	____	____	____	____	____	____	无趣的	25/
现代的	____	____	____	____	____	____	____	传统的	26/
不方便的	____	____	____	____	____	____	____	方便的	27/
	1	2	3	4	5	6	7		

我理想的住区是……

	1 非常	2 很	3 有点	4 一点也不	5 有点	6 很	7 非常		
拥挤的	______	______	______	______	______	______	______	宽敞的	28/
美丽的	______	______	______	______	______	______	______	丑陋的	29/
舒适的	______	______	______	______	______	______	______	不舒适的	30/
令人满意的	______	______	______	______	______	______	______	令人不满意的	31/
融合的	______	______	______	______	______	______	______	隔离的	32/
无装饰的	______	______	______	______	______	______	______	感观美的	33/
正规的	______	______	______	______	______	______	______	随意的	34/
变化的	______	______	______	______	______	______	______	持久的	35/
人工的	______	______	______	______	______	______	______	自然的	36/
有安全感的	______	______	______	______	______	______	______	无安全感的	37/
肮脏的	______	______	______	______	______	______	______	洁净的	38/
温暖的	______	______	______	______	______	______	______	冰冷的	39/
被忽视的	______	______	______	______	______	______	______	有照管的	40/
宁静的	______	______	______	______	______	______	______	焦躁的	41/
小的	______	______	______	______	______	______	______	大的	42/
无用的	______	______	______	______	______	______	______	有用的	43/
冷漠的	______	______	______	______	______	______	______	健谈的	44/
多彩的	______	______	______	______	______	______	______	苍白的	45/
快的	______	______	______	______	______	______	______	慢的	46/
陌生的	______	______	______	______	______	______	______	熟悉的	47/
刻板的	______	______	______	______	______	______	______	灵活的	48/
	1	2	3	4	5	6	7		75-78/050

6. 请将下面三张黄色卡片放在受访者面前：

（1）在我的住区里实际上有的东西

（2）在我的住区里实际上没有的东西

（3）不清楚

请发给受访者一套绿色卡片。

这些绿色卡片的每一张上都印有不同的内容，这些内容可能在或者不在您刚才向我描述过的住区里。请阅读每张卡片，确定最适合放在哪一个分类下，然后把卡片放在那里。

在完成这个任务后，请将每个标签卡放在对应的那叠卡片上，用橡皮筋缠好。

---

7. 请将下面三张黄色卡片放在受访者面前。

（1）我想要住区里有的东西

（2）我不想要住区里有的东西

（3）有没有都行

请发给受访者另一套绿色卡片。

这些绿色卡片上印有与前面用过的那套卡片一样的内容。这次我们感兴趣的是，您在您的住区里想要或不想要哪些东西。请阅读每张卡片，确定最适合放在哪一个分类下，然后把卡片放在那里。

在完成这个任务后，请将每个标签卡放在对应的那叠卡片上，用橡皮筋缠好。

---

8. 请发给受访者一支铅笔和标有“我的住区地图”的那页纸。把这页纸留给受访者，直到完成问题10。

请在这页纸上画出您的住区地图。请尽可能在地图上多画一些细节。（任务完成后，如果有必要，可以询问：请在地图上标注出您家的位置，并请把您画在地图上的内容都标注出来。）

A. 您会如何到达这张地图的最远处呢?

您会 ......

步行 1
开车 2
骑自行车 3
骑摩托车 4
乘公交车 5

56/

B. 您要花多长时间才能到达这张地图的最远端呢?

57,58/

---

9. 对于您来说，住在一个您认为是邻里的地方有多重要呢? .....*(圈选数字)*

很重要	有点重要	一点不重要
1	2	3

59,60/

探问：您为什么这样认为呢?

61,62/
63,64/
65,66/
67,68/
69,70/
71,72/

---

10. 您能在这张地图上辨认出您所属的邻里吗? 请选择“是”或“否”。*(圈选数字)*

是 1
否（请跳至问题 11）.................... 2

73/

A.（如果回答是“是”）关于您在这张地图上所表示的住区规模，您所属邻里的规模是：*(圈选数字)*

更小一些 ....（请回答问题 B）............ 1
大小一样，或者 ..（请跳至问题 11）......... 2
更大一些 ....（请回答问题 B）............ 3

74/

B.（如果圈选的是数字 1 或 3）请在地图上标出您认为是您所属邻里的区域，如果可能的话，请指明邻里的边界。*(完成任务后，请取走地图)*

75-78/0201

11. 下面的问题都是关于您的住区的。请在我读每个问题时，回答“是”或“否”。

A. 这是一个有特定名称的住区吗？*（圈选数字）*

是 .... 1 　　1–6/

否（请跳至问题B）.................... 2 　　7/

（如果回答是“是”）住区的名称是什么？________________ 　　8,9/

B. 这是一个由特定街道界定出来的住区吗？*（圈选数字）*

是 1

否（请跳至问题C）.................... 2 　　10/

（如果回答是“是”）这些街道的名称分别是什么？

（a）________________ 　　11/

（b）________________ 　　12/

（c）________________ 　　13/

（d）________________ 　　14/

（e）________________ 　　15/

C. 这个住区有某些自然的或人造的特征、标志或其他特点吗？*（圈选数字）*

是 1

否（请跳至问题D）.................... 2 　　16/

（如果回答是“是”）这些特征都分别是什么呢？*（探问：还有别的吗？）*

（a）________________ 　　17/

（b）________________ 　　18/

（c）________________ 　　19/

（d）________________ 　　20/

（e）________________ 　　21/

D. 这个住区里有特定的学校吗？*（圈选数字）*

是 1
否（请跳至问题 E）.......................... 2 22/

（如果回答是“是”）这些学校分别是什么类型？*（勾选）*

（a）小学 ____________ 23/
（b）初中 ____________ 24/
（c）高中 ____________ 25/
（d）大学 ____________ 26/
（e）其他 ____________ （请详细说明：________________） 27/

E. 这个住区里有特定的商业区吗？*（圈选数字）*

是 1
否（请跳至问题 F）.......................... 2 28/

（如果回答是“是”）商业区的名称是什么？________________ 29,30/

F. 这个住区里有特定类型的人吗？*（圈选数字）*

是 1
否（请跳至问题 G）........................ 2 31/

（如果回答是“是”）他们分别是哪种类型的人呢？
（探问：还有别的类型吗？）

（a）____ 32,33/
（b）____ 34,35/
（c）____ 36,37/
（d）____ 38,39/
（e）____ 40,41/

G. 这个住区里有特定类型的住房吗？*（圈选数字）*

是 ....1　　42/

否(请跳至问题 H)............................2

（如果回答是“是”）这些住房分别是哪种类型呢？

（探问：还有别的类型吗？）

（a）______________________________　43,44/

（b）______________________________　45,46/

（c）______________________________　47,48/

（d）______________________________　49,50/

（e）______________________________　51,52/

H. 这个住区里的人有共同的关注点或者问题吗？*（圈选数字）*

是 ....1　　53/

否（请跳至问题 I）............................2

（如果回答是“是”）这些关注点或者问题分别是什么呢？

（探问：还有别的吗？）

（a）______________________________　54,55/

（b）______________________________　56,57/

（c）______________________________　58,59/

（d）______________________________　60,61/

（e）______________________________　62,63/

I. 这个住区里还有其他我没提到的内容吗？*（圈选数字）*

是 1
否（请跳至问题 12）.................... 2 *64/*

（如果回答是"是"）分别是什么呢？*（探问：还有别的吗？）*

（a）______________________________ *65,66/*
（b）______________________________ *67,68/*
（c）______________________________ *69,70/*
（d）______________________________ *71,72/*
（e）______________________________ *73,74/*

12. 请发给受访者标有问题 12 的答题纸，并把照片"A"放在受访者面前。 *75,78/0202*

这个问题与上个问题类似，请您自己填写。不过，我们这次希望您勾选出这两张照片上给您留下印象的那些位置。请从照片"A"开始。

任务完成后，请收走照片"A"。再把照片"B"放在受访者面前。

让我们休息 5 分钟，我准备一下休息后要进行的游戏材料。

---

13. 现在我们要做一个游戏。游戏很有趣，每个人似乎都会喜欢。但这个游戏也非常重要。游戏将给您一个机会，去考虑如何才可能改变您所在的住区，使其更适合您。在游戏里，您对所在住区做出的改变，是通过一系列交换实现的，在交换中，您通过放弃一些东西而得到另一些东西。不过，开始交换前，我们需要先做几个准备步骤。

A. 请把所有游戏卡片在受访者面前摆成一行，这样受访者就能看到卡片标题。如：

1...... 2...... ------------------------ 11......

这些卡片的每一张都描述了您居住地方的不同事物。现在我将发给您25个筹码。请按照您认为每张卡片值多少个筹码的方式，把相应数量的筹码堆在卡片旁边。（询问：请问您完成了吗？）

如果受访者拒绝做或者做不了这项任务，那么请他按照这些卡片所表示事物的重要性，对卡片进行排序。请在编码表格的第7和第8列记录筹码数量（或排序：11代表最重要，1代表最不重要）。

B. 请取出一张卡片，向受访者解释卡片的格式。

这些卡片的每一张上都有大量的特征描述。日常生活中，我们用这样的语句来描述所住区域的状况，关于我们需要什么，或者我们喜欢些什么。我希望您仔细阅读每张卡片上的描述，确定哪一个描述对您而言最好地描述了您现在所住的区域。（以卡片3为例）如果您已经确定好了，请圈选那一栏的字母，并告诉我它是哪一个。

请把所有11张卡片都发给受访者，每次一张，按顺序发放，并在编码表格第9列记录受访者说出来的字母。

如果受访者没有给某张卡片分配任何筹码，或者他已经表示其中一些卡片对于他来说无关紧要（举例来说，“工作可达性”对于老年被试者），就在第9至10列或第11至12列的“现状（或理想）水平”那个空格里填上斜线（/），在余下的游戏里忽略那张卡片。

请受访者解释项目 3、4、9 和 10 的现状水平如何。请在下面表格中记录他的评论。

您已经在卡片 3（或者 4、9、10）上勾选了您现在居住地方的现状情况。请您解释一下好吗？您能以具体词语来描述吗？

	描　述	
		1-6/
项目 3		7,8/ 9,10/ 11,12/
项目 4		13,14/ 15,16/ 17,18/
项目 9		19,20/ 21,22/ 23,24/
项目 10		25,26/ 27,28/ 29,30/

75-78/0612

现在，我想知道您对这些有关您住所的不同事物的满意程度。这是一个满意度量化样表。请指着满意度量化表并予以解释。这是一个 7 分量化表，其中，7 分代表最满意，1 分代表最不满意。现在，用这张卡片作为指导，请为您已经在每张卡片上圈选的描述项目打分。在我发给您卡片时，请告诉我您对已经圈选的描述项目打了多少分。

请把 11 张卡片都发给受访者，每次一张，按顺序发放。在第 10 列记录相应的分值。

C. 请把全部 11 张卡片摆成一行放在受访者对象面前。

现在根据游戏规则，您可以对这 11 个项目中的 3 到 5 项进行改善，但是作为交换，您必须放弃其余项目的一些分值。在这个条件下，您希望看到自己住所里的哪 5 个（或更少的）项目得到改善？让我们把那些卡片单独放一行。

请将卡片分成两行。从要改善的那行卡片开始。

假设在您当前的生活方式、习惯、工作等条件下，或者换句话说，所有一切都保持不变，那么您希望这些项目在多大程度上得到改善。在牢记您必须放弃某些事物作为交换的同时，请勾选每张卡片上描述了您希望得到改善的状态，并请告诉我您勾选的是哪一项。

请在编码表格第 11 列记录那些字母。

现在利用满意度量化表作为指导，请您对这些新的描述打分好吗？

请在第 12 列记录这些分值。

前面我已经提到过，根据游戏规则，为了获得某些内容，您将不得不放弃一些内容。我们做这个游戏的方式是，您每次在想要改善的那些卡片中取出一张，我会问您，在其余一切都完全保持不变的情况下，您最多会在多大程度上放弃其余每张卡片（不用改善的）的内容，来作为改善项目的交换条件呢？换言之，您要以您拥有的其他内容来作为这项改善的代价。我会对其余的每张卡片问您同样的问题，然后对您想要改善的所有卡片重复相同的过程。

在您开始之前，请先在编码表格左边竖列标记出（勾选、彩色或任何您认为方便的方法）要改变的项目。请从要改善的那些卡片中选取一张。

例如，您最多愿意放弃这一项目的多少筹码作为交换呢？（请从那些不想改善的卡片中取出一张，发给受访者）。请说出对应于适当空格的字母。

请注意，不同属性的每个交叉处都有两个空格（例如，第 13 列和 14 列都对应第一个属性）。编码表格顶部的水平格为交换项目，请在要改变项目和交换项目交叉处的左边空格记录字母。如果受访者拒绝放弃任何内容，请在交叉处标上一个 "X"。继续。

让我们再举个例子（从不予改善的那些卡片中取出第二张卡片）。如果其余一切都保持不变，您最多会在多大程度上放弃这张卡片上的内容，以获得您想要的改善内容呢？

以同样的方式记录得分。请重复这一步骤处理其余 "不予改善" 的卡片。完成后，请从那些 "改善" 卡片里取出第二张卡片，重复上述步骤。重复处理余下的 "改善" 卡片。
在所有交换都完成后，请受访者为所有在权衡取舍过程中已经勾选的新水平打分。在相应的属性交换交叉点处的第二个空格记录得分，这个得分是您从水平表中读取的。

D. 现在请将全部11张卡片摆成一行放在受访者面前。

我会再发给您25个筹码。请按照您认为每张卡片内容值多少个筹码的方式，把筹码放在卡片旁边。（询问：您完成了吗？）

如果受访者拒绝做或做不了这项任务，就请他将卡片按照对于他来说每张卡片的重要性进行排序。请在编码表格第35和36列记录筹码数量（或排序：11代表最重要，1代表最不重要）。

1. 工作可达性

A. 5 分钟内的步行距离	
B. 15 分钟内的步行距离	
C. 10 分钟内的车行距离	
D. 20 分钟内的车行距离	
E. 30 分钟内的车行距离	
F. 45 分钟内的车行距离	
G. 1 小时内的车行距离	
H. 15 分钟内的公交距离	
I. 30 分钟内的公交距离	
J. 1 小时内的公交距离	

2. 走亲访友可达性

A. 5 分钟内的步行距离	
B. 15 分钟内的步行距离	
C. 10 分钟内的车行距离	
D. 20 分钟内的车行距离	
E. 30 分钟内的车行距离	
F. 45 分钟内的车行距离	
G. 1 小时内的车行距离	
H. 15 分钟内的公交距离	
I. 30 分钟内的公交距离	
J. 1 小时内的公交距离	

3. 住宅空间充足性

A. 大量额外空间	
B. 一些额外空间	
C. 刚够用空间	
D. 不太够空间	
E. 极端狭窄空间	

4. 空气质量

A.	极度洁净	
B.	洁净	
C.	有点洁净	
D.	中间值	
E.	有点烟尘	
F.	有烟尘	
G.	极度烟尘	

5. 子女上学可达性

A.	5 分钟内的步行距离	
B.	15 分钟内的步行距离	
C.	10 分钟内的车行距离	
D.	20 分钟内的车行距离	
E.	30 分钟内的车行距离	
F.	45 分钟内的车行距离	
G.	1 小时内的车行距离	
H.	15 分钟内的公交距离	
I.	30 分钟内的公交距离	
J.	1 小时内的公交距离	

6. 文化娱乐机会的可达性

A.	5 分钟内的步行距离	
B.	15 分钟内的步行距离	
C.	10 分钟内的车行距离	
D.	20 分钟内的车行距离	
E.	30 分钟内的车行距离	
F.	45 分钟内的车行距离	
G.	1 小时内的车行距离	
H.	15 分钟内的公交距离	
I.	30 分钟内的公交距离	
J.	1 小时内的公交距离	

7. 一个普通街区的家庭数量

A.	每个街区少于 10 家庭
B.	每个街区 10~25 个家庭
C.	每个街区 25~35 个家庭
D.	每个街区 35~60 个家庭
E.	每个街区 60~100 个家庭
F.	每个街区 100~200 个家庭
G.	每个街区超过 200 个家庭

8. 购物可达性

A.	5 分钟内的步行距离
B.	15 分钟内的步行距离
C.	10 分钟内的车行距离
D.	20 分钟内的车行距离
E.	30 分钟内的车行距离
F.	45 分钟内的车行距离
G.	1 小时内的车行距离
H.	15 分钟内的公交距离
I.	30 分钟内的公交距离
J.	1 小时内的公交距离

9. 人身及财产安全

A.	极度安全
B.	安全
C.	有点安全
D.	中间值
E.	有点不安全
F.	不安全
G.	极度不安全

10. 人的类型

A.	极度理想	
B.	理想	
C.	有点理想	
D.	中间值	
E.	有点不理想	
F.	不理想	
G.	极度不理想	

11. 休闲（公园、海滩 等）可达性

A.	5 分钟内的步行距离	
B.	15 分钟内的步行距离	
C.	10 分钟内的车行距离	
D.	20 分钟内的车行距离	
E.	30 分钟内的车行距离	
F.	45 分钟内的车行距离	
G.	1 小时内的车行距离	
H.	15 分钟内的公交距离	
I.	30 分钟内的公交距离	
J.	1 小时内的公交距离	

14. 请将下面黄色卡片放在受访者面前：

(1) 我做的活动

(2) 我没做、但愿意做的活动

(3) 我不做的活动

请把那套蓝色卡片发给受访者。

我们想要知道您参与活动的一些情况。为此我发给您一套卡片。每张卡片上都印有一项不同的活动。请您阅读每张卡片，确定这张卡片最适合放在哪个类别下，然后将卡片放在那里。请在“我做的活动”类别中包含过去一年您至少做过一次的活动。

完成任务后：

(1) 请用橡皮筋缠好3号卡片叠及其标签。

(2) 请把2号卡片叠连同标签放在一边，以备第17题使用。

(3) 请把1号卡片叠发给受访者，把标签卡放在边上。

---

15. 此题要用到来自问题14的1号卡片叠。请将下面的黄色卡片摆在受访者面前：

(4) 我感到满意的活动

(5) 我有点不满意的活动

现在，所有“我做的活动”分类下的卡片都发给您了。我们现在想要知道的是，在这些活动中，哪些是您感到满意的，哪些是您感到不满意的，理由分别是什么，如：

a. 如何活动

b. 在哪活动

c. 和谁一起

d. 多久活动一次

e. 什么时间做的活动

请阅读每张卡片，确定这张卡片最适合放在哪个类别下，然后把卡片放在那里。

任务完成后：

(1)请把4号卡片叠(除标签卡外)和“我做的活动”标签卡放在一起，放在一边，留作问题18使用。

(2) 请把5号卡片叠放在您的面前，用于下一题。

---

16. 此题将用到由问题 15 得来的 5 号卡片叠。

您放在不满意分类下所有活动的卡片都在我面前。在我读这些卡片的时候，请告诉我，您为什么对这个活动有点不满意的全部理由。（询问：还有别的理由吗？）

为受访者读每一张卡片，一次一个人。在问题 16 的编码纸上，记录那项活动的卡片编号和受访者的理由。

完成任务后，将这些卡片和已经标注为“我做的事”的卡片合在一起，放在一边，用于问题 18。

---

17. 此题将用到由问题 14 得来的 2 号卡片叠。请把 2 号卡片叠放在您的面前。

所有您没做过但想做的活动卡片都在我面前。在我读这些卡片的时候，请告诉我，您为什么没做这项活动的全部理由。（询问：还有别的理由吗？）

请为受访者读每一张卡片，一次一个人。在问题 17 的编码纸上，记录那项活动的卡片编号和受访者的理由。

完成任务后，请用橡皮筋把这些卡片和“我没做，但想做的活动”的标签卡缠好。

---

18. 此题要用到标注为“我没做的活动”的那些卡片。

请把下面的黄色卡片放在受访者面前。

（1）大约每年一次
（2）大约每年 2 到 6 次。
（3）大约每年 7 到 11 次
（4）大约每月一次
（5）大约每 2 周一次
（6）大约每周一次
（7）大约每周 2 到 6 次
（8）大约每天一次

请将标注为“我做的活动”的卡片发给受访者。

这些卡片上的每张上都是您做的活动。我们现在想知道的是，您多久做一次这些活动。请阅读卡片，确定这个卡片最适合放在哪个分类下，然后把卡片放在那里。

完成任务后，请把每个标签卡放在相应的那叠卡片上，把卡片合在一起，用做下一题。

---

19. 此题要用到由18题发展来的这叠卡片。

请把下面的黄色卡片放在受访者面前：

（1）大约10分钟
（2）大约15分钟
（3）大约0.5小时
（4）大约1小时
（5）大约1.5小时
（6）大约2小时
（7）大约3小时
（8）大约6小时

我们现在想知道的是，您花多长时间来做这些活动。请阅读每张卡片，确定这个卡片最适合放在哪个分类下，然后把卡片放在那里。如果您认为您花在某项具体活动上的时间居于两个分类的之间，就请把卡片放在显示较少时间的那个分类中。

（1）请把由上题发展来的那叠卡片中的第一套卡片发给受访者，把频率标签卡片放在这套卡片旁边。
（2）给受访者时间完成这项任务。
（3）完成任务后，请把8个持续时间的标签放在与其对应的那叠卡片上。

（4）请把所有卡片合在一起，并把这叠卡片的频率标签卡放在上面。用橡皮筋缠好所有卡片。

（5）请把一套新的 8 张持续时间标签卡放在受访者面前。

（6）请把上个问题发展来的那叠卡片的第二套发给受访者，把那套卡片的频率标签卡放在旁边。

（7）请重复上述过程，直到所有来自上面问题的 8 套卡片全部用过为止。

采访结束

编码纸——元素
问题 6 和问题 7

元素编码	问题 6	问题 7	元素编码	问题 6	问题 7	元素编码	问题 6	问题 7
1	7/	8/	35	7/	8/	69	7/	8/
2	9/	10/	36	9/	10/	70	9/	10/
3	11/	12/	37	11/	12/	71	11/	12/
4	13/	14/	38	13/	14/	72	13/	14/
5	15/	16/	39	15/	16/	73	15/	16/
6	17/	18/	40	17/	18/	74	17/	18/
7	19/	20/	41	19/	20/	75	19/	20/
8	21/	22/	42	21/	22/	76	21/	22/
9	23/	24/	43	23/	24/	77	23/	24/
10	25/	26/	44	25/	26/	78	25/	26/
11	27/	28/	45	27/	28/	75-78/0303		
12	29/	30/	46	29/	30/			
13	31/	32/	47	31/	32/			
14	33/	34/	48	33/	34/			
15	35/	36/	49	35/	36/			
16	37/	38/	50	37/	38/			
17	39/	40/	51	39/	40/			
18	41/	42/	52	41/	42/			
19	43/	44/	53	43/	44/			
20	45/	46/	54	45/	46/			
21	47/	48/	55	47/	48/			
22	49/	50/	56	49/	50/			
23	51/	52/	57	51/	52/			
24	53/	54/	58	53/	54/			
25	55/	56/	59	55/	56/			
26	57/	58/	60	57/	58/			
27	59/	60/	61	59/	60/			
28	61/	62/	62	61/	62/			
29	63/	64/	63	63/	64/			
30	65/	66/	64	65/	66/			
31	67/	68/	65	67/	68/			
32	69/	70/	66	69/	70/			
33	71/	72/	67	71/	72/			
34	73/	74/	68	73/	74/			
75-78/0301			75-78/0302					

编码表

要放弃的项目 要改善的项目	采访编号	分配的筹码数目		现状水平		理想水平		1. 工作可达性		2. 走亲访友可达性		3. 居住空间充足性		4. 空气质量		5. 子女上学可达性		6. 文化娱乐设可达性		7. 一个普通街区的户数		8. 购物可达性		9. 人身及财产安全性		10. 人的类型		11. 休闲可达性（公园、海滩等）		修正过的筹码分配		卡片编码
		水平	分值	水平	分值	水平	分值	水平	分值	水平	分值	水平	分值	水平	分值	水平	分值	水平	分值	水平	分值	水平	分值	水平	分值	水平	分值	水平	分值	水平	分值	
列编号	1–6/	7	8	9	10	11	12	13	14	15	16	17	18	19	20	21	22	23	24	25	26	27	28	29	30	31	32	33	34	35	36	
1. 工作可达性																																75/78 0601
2. 走亲访友可易达性																																75/78 0602
3. 居住空间的充足性																																75/78 0603
4. 空气质量																																75/78 0604
5. 子女上学可达性																																75/78 0605
6. 文化娱乐设施可达性																																75/78 0606
7. 一个普通街区的户数																																75/78 0607
8. 购物可达性																																75/78 0608
9. 人身 / 财产安全性																																75/78 0609
10. 人的类型																																75/78 0610
11. 休闲可达性																																75/78 0611

编码纸——活动（文件 4）
问题 14-19

活动编号	问题 14	问题 15	问题 16	问题 17	问题 18	问题 19
可能的编码	1，2，3		4，5		1—8	1—8
	1-6/					
1	7/	8/	9，10/	11，12/	13/	14/
2	15/	16/	17,18/	19，20/	21/	22/
3	23/	24/	25，26/	27，28/	29/	30/
4	31/	32/	33，34/	35，36/	37/	38/
5	39/	40/	41，42/	43，44/	45/	46/
6	47/	48/	49，50/	51，52/	53/	54/
7	55/	56/	57，58/	59，60/	61/	62/
8	63/	64/	65，66/	67，68/	69/	70/
						75-78/0401
	1-6/					
9	7/	8/	9，10/	11，12/	13/	14/
10	15/	16/	17,18/	19，20/	21/	22/
11	23/	24/	25，26/	27，28/	29/	30/
12	31/	32/	33，34/	35，36/	37/	38/
13	39/	40/	41，42/	43，44/	45/	46/
14	47/	48/	49，50/	51，52/	53/	54/
15	55/	56/	57，58/	59，60/	61/	62/
16	63/	64/	65，66/	67，68/	69/	70/
						75-78/0402
	1-6/					
17	7/	8/	9，10/	11，12/	13/	14/
18	15/	16/	17,18/	19，20/	21/	22/
19	23/	24/	25，26/	27，28/	29/	30/
20	31/	32/	33，34/	35，36/	37/	38/
21	39/	40/	41，42/	43，44/	45/	46/
22	47/	48/	49，50/	51，52/	53/	54/
23	55/	56/	57，58/	59，60/	61/	62/
24	63/	64/	65，66/	67，68/	69/	70/
						75-78/0403
	1-6/					
25	7/	8/	9，10/	11，12/	13/	14/
26	15/	16/	17,18/	19，20/	21/	22/
27	23/	24/	25，26/	27，28/	29/	30/
28	31/	32/	33，34/	35，36/	37/	38/
29	39/	40/	41，42/	43，44/	45/	46/
30	47/	48/	49，50/	51，52/	53/	54/
31	55/	56/	57，58/	59，60/	61/	62/
32	63/	64/	65，66/	67，68/	69/	70/
						75-78/0404
	1-6/					
33	7/	8/	9，10/	11，12/	13/	14/
34	15/	16/	17,18/	19，20/	21/	22/
35	23/	24/	25，26/	27，28/	29/	30/
36	31/	32/	33，34/	35，36/	37/	38/
37	39/	40/	41，42/	43，44/	45/	46/
38	47/	48/	49，50/	51，52/	53/	54/
39	55/	56/	57，58/	59，60/	61/	62/
40	63/	64/	65，66/	67，68/	69/	70/
						75-78/0405

编码纸——活动（文件4）
问题14-19

活动编号	问题14	问题15	问题16	问题17	问题18	问题19
可能的编码	1，2，3		4，5		1—8	1—8
	1-6/					
41	7/	8/	9，10/	11，12/	13/	14/
42	15/	16/	17,18/	19，20/	21/	22/
43	23/	24/	25，26/	27，28/	29/	30/
44	31/	32/	33，34/	35，36/	37/	38/
45	39/	40/	41，42/	43，44/	45/	46/
46	47/	48/	49，50/	51，52/	53/	54/
47	55/	56/	57，58/	59，60/	61/	62/
48	63/	64/	65，66/	67，68/	69/	70/
						75-78/0406
	1-6/					
49	7/	8/	9，10/	11，12/	13/	14/
50	15/	16/	17,18/	19，20/	21/	22/
51	23/	24/	25，26/	27，28/	29/	30/
52	31/	32/	33，34/	35，36/	37/	38/
53	39/	40/	41，42/	43，44/	45/	46/
54	47/	48/	49，50/	51，52/	53/	54/
55	55/	56/	57，58/	59，60/	61/	62/
56	63/	64/	65，66/	67，68/	69/	70/
						75-78/0407
	1-6/					
57	7/	8/	9，10/	11，12/	13/	14/
58	15/	16/	17,18/	19，20/	21/	22/
59	23/	24/	25，26/	27，28/	29/	30/
60	31/	32/	33，34/	35，36/	37/	38/
61	39/	40/	41，42/	43，44/	45/	46/
62	47/	48/	49，50/	51，52/	53/	54/
63	55/	56/	57，58/	59，60/	61/	62/
64	63/	64/	65，66/	67，68/	69/	70/
						75-78/0408
	1-6/					
65	7/	8/	9，10/	11，12/	13/	14/
66	15/	16/	17,18/	19，20/	21/	22/
67	23/	24/	25，26/	27，28/	29/	30/
68	31/	32/	33，34/	35，36/	37/	38/
69	39/	40/	41，42/	43，44/	45/	46/
70	47/	48/	49，50/	51，52/	53/	54/
71	55/	56/	57，58/	59，60/	61/	62/
72	63/	64/	65，66/	67，68/	69/	70/
						75-78/0409
	1-6/					
73	7/	8/	9，10/	11，12/	13/	14/
74	15/	16/	17,18/	19，20/	21/	22/
75	23/	24/	25，26/	27，28/	29/	30/
76	31/	32/	33，34/	35，36/	37/	38/
77	39/	40/	41，42/	43，44/	45/	46/
78	47/	48/	49，50/	51，52/	53/	54/
79	55/	56/	57，58/	59，60/	61/	62/
80	63/	64/	65，66/	67，68/	69/	70/
						75-78/0410

编码纸
问题 16 和问题 17

活动编号　　　　理由

______ (1) ______
(2) ______
(3) ______

______ (1) ______
(2) ______
(3) ______

______ (1) ______
(2) ______
(3) ______

______ (1) ______
(2) ______
(3) ______

______ (1) ______
(2) ______
(3) ______

______ (1) ______
(2) ______
(3) ______

附录 B

补充表格

表 B1 较低、中等和较高收入群组家庭规模的收入范围

家庭规模	收入群组[a]		
	较低	中等	较高
1 口人	少于 6000 美元	6000~19250 美元	多于 19250 美元
2 口人	少于 7000 美元	7000~20250 美元	多于 20250 美元
3 口人	少于 7750 美元	7750~21000 美元	多于 21000 美元
4 口人	少于 8250 美元	8250~21500 美元	多于 21500 美元
5 口人	少于 8750 美元	8750~22000 美元	多于 22000 美元
6 口人	少于 9500 美元	9500~22500 美元	多于 22500 美元
7 口人	少于 10000 美元	10000~23000 美元	多于 23000 美元
8 口人	少于 10500 美元	10500~23500 美元	多于 23500 美元
9 口人	少于 11000 美元	11000~24250 美元	多于 24250 美元
10 口人	少于 11500 美元	11500~24750 美元	多于 24750 美元

[a] 严格来说，较低和中等收入群组的较高收入范围，应该比表中所示各少一美元（例如，1 口人的范围分别是少于 6000 美元，6000~19249 美元和多于 19249 美元），但是为了介绍方便，我们把范围简化为上述格式。这些收入范围以 1970 年的人口普查资料为依据。按照消费价格指数增长调整后，以 1980 年美元计，对于一个四口之家来说，低收入群组的较高收入范围会达到 17820 美元，中等收入群组的较高收入范围会达到 46440 美元。

表 B2 不同家庭周期阶段和邻里的人口群组细目列表

较高收入白人群组	85	有子女家庭	43	太平洋帕利塞德	17
		无子女家庭	21	贝莱尔	23
		老年人	21	帕洛斯弗迪斯	26
				圣马力诺	19
中等收入黑人群组	86	有子女家庭	49	卡森	36
		无子女家庭	24	克伦肖	50
		老年人	13		
中等收入白人群组	80	有子女家庭	43	韦斯切斯特	20
		无子女家庭	17	东长滩	20
		老年人	20	范奈斯	21
				坦普尔城	19
中等收入西班牙裔群组	59	有子女家庭	41	惠蒂尔	18
		无子女家庭	16	蒙特利帕克	32
		老年人	2	蒙特贝洛	19
较低收入黑人群组	22	有子女家庭	17	沃茨	13
		无子女家庭	2	史劳森	9
		老年人	3		
较低收入白人群组	88	有子女家庭	37	威尼斯	20
		无子女家庭	23	长滩	21
				贝尔加登斯	23
				鲍德温帕克	24
较低收入西班牙裔群组	55	有子女家庭	26	博伊尔高地	16
		无子女家庭	14	锡蒂特雷斯	16
		老年人	15	东洛杉矶	23

参考文献

[1] Alexander, C. *Notes on the Synthesis of Form*. Cambridge: Harvard University Press, 1964.

[2] Alexander, C. "A City Is not a Tree." *Architectural Forum* 4, (1965): 58-62; 5 (1965); 58-61.

[3] Alexander, C., Ishikawa, S., Silverstein, M., Jacobson, M., Fiksdahl-King, I., and Angel, S. *A Pattern Language: Towns, Buildings, Construction*. New York: Oxford University Press, 1977.

[4] American Institute of Architects. *The First Report of the National Policy Task Force*. Washington, D.C.: Author, 1972.

[5] American Public Health Association, Committee on Hygiene of Housing. *Planning the Neighborhood. Chicago*: Public Administration Service, 1960 (rev. ed.).

[6] Appleyard, D. "City Designers and the Pluralistic City." In L. Rodwin and Associates, *Planning Urban Growth and Regional Development*. Cambridge: M.I.T. Press, 1969.

[7] Appleyard, D. Planning a Pluralist City: Conflicting Realities in Ciudad Guyana. Cambridge: M.I.T. Press, 1976.

[8] Bachelard, G. *The Poetics of Space*. Boston: Beacon Press, 1969. Baer, W. C., and Banerjee, T. "Behavioral Research in Environmental Design: Beyond

[9] the Applicability Gap." In *The Behavioral Basis of Design*. Book 2, *Selected Papers*, edited by P. Suedfeld and I. Russell. Stroudsburg, Pa.: Dowden, Hutchinson and Ross, 1977.

[10] Banerjee, T., and F1achsbart, P. G. "*Factors Influencing Perceptions of Residential Density*." In *Urban Housing and Transportation*, edited by V. Kouskoulas and R. Lytle, Jr. Detroit: Wayne State University, 1975.

[11] Banerjee, T., Baer, W. C., and Robinson, I. M. "Trade-Off Approach for Eliciting Environmental Preferences." In (Ed.), *Man-Environment Interactions: Evaluations and Applications*, Edited by D. Carson. Stroudsburg, Pa.: Dowden, Hutchinson and Ross, 1974.

[12] Barker, R. G. *Ecological Psychology*. Palo Alto, Calif.: Stanford University Press, 1968.

[13] Bauer, C. "Good Neighborhoods." *The Annals of the American Academy of Political and Social Science* 242 (1945): 104-115.

[14] Berger, B. M. "Suburbs, Subcultures and the Urban Future." In *Planning for a Nation of Cities*,edited by S. B. Warner, Ir. Cambridge: M.I.T. Press, 1966.

[15] Bish, R. L. "Commentary." Journal of the American Institute of Planners 39 (1973): 403, 407-412.

[16] Bish, R. L. "Commentary." *Journal of the American Institute of Planners* 41 (1975): 67, 74-82.

[17] Booth, A., and Camp, H. "Housing Relocation and Family Social Integration Patterns." *Journal of the American Institute of Planners* 40 (1974): 124-128.

[18] Buber, M. *A Believing Humanism: Gleanings*. New York: Simon and Schuster, 1969.

[19] Buchanan, C., and Partners. *The South Hamshire Study*. London: H.M.S.O., 1966.

[20] Bunker, R. "Travel in Stevenage." *Town Planning Review* 38 (1967): 213-232.

[21] Burby, R. J. III, and Weiss, S. F. *New Communities, USA*. Lexington, Ma.: Lexington Books, 1976.

[22] Buttimer, A. "Social Space and the Planning of Residential Areas." *Environment and Behavior* 4 (1972): 279-318.

[23] Campbell, A., Converse, P. E., and Rodgers, W. L. *The Quality of American Life: Perceptions, Evaluations and Satisfactions*. New York: Russell Sage Foundation, 1976.

[24] Carr, S., and Schissler, D. "The City as a Trip: Perceptual Selection and Memory in the View from the Road." *Environment and Behavior* 1 (1969): 7-35.

[25] Chapin, F. S. *Human Activity Patterns in the City: Things People Do in Time and in Space*. New York: Wiley, 1974.

[26] Churchill, H. S. "How to Prevent Neighborhood Decay." *Journal of the American Bankers' Association* 7 (1945): 52-53.

[27] Coleman, R. "Attitudes toward Neighborhoods: How Americans Choose to Live." *Working Paper No. 49, Joint Center for Urban Studies of the Massachusetts Institute of Technology and Harvard University*, 1978.

[28] Committee of Regional Plan of New York and Its Environs. *Regional Survey of New York and Its Environs. Vol VII: Neighborhoods and Community Planning*. New York: 1929.

[29] Cooper, C. *The House as a Symbol of Self*. Berkeley: Institute of Urban and

Regional Development,University of California, 1971.

[30] Crane, D. "Chandigarh Reconsidered." *AIA Journal* 5 (1960): 33-39.

[31] Cumbernauld Development Corporation. *Cumbernauld Preliminary Planning Proposals*. Cumbernauld, Scotland, 1958.

[32] Dahir, J. *The Neighborhood Unit Plan-Its Spread and Acceptance*. New York: Russell Sage Foundation, 1947.

[33] Davidoff, P., Davidoff, L., and Gold, N. M. "Suburban Action: Advocate Planning for an Open Society." *Journal of the American Institute of Planners* 32 (1970): 66-76.

[34] Davidoff, L., Davidoff, P., and Gold, N. M. "The Suburbs Have to Open Their Gates." *The New York Times Magazine* 11(1971): 39-42.

[35] Dear, M. "The Public City." *In Residential Mobility and Public Policy*. edited by W. A. V. Clark and E. G. Moore. Beverly Hills, Calif.: Sage, 1979.

[36] deChiara, J. D., and Koppelman, L. *Planning Design Criteria*. New York: Van Nostrand Reinhold, 1969.

[37] deChiara, J. D., and Koppelman, L. *Urban Planning and Design Criteria*. New York: Van Nostrand Reinhold, 1975.

[38] Dewey, R. "The Neighborhood, Urban Ecology, and City Planners." In Cities and Society, edited by P. K. Hatt and A. J. Reiss, Jr. , New York: Free Press of Glencoe, 1961.

[39] Downs, A. Opening Up the Suburbs: An Urban Strategy for America. New Haven, Conn.: Yale University Press, 1973.

[40] Downs, A. Neighborhoods and Urban Development. Washington, D.C.: Brookings Institution, 1981.

[41] Dyckman, J. W. "Of Men and Mice and Moles: Notes on Physical Planning,

Environment and Community. "Journal of the American Institute of Planners 27 (1961): 102-104.

[42] Everitt, J., and Cadwallader, M. "The Home Area Concept in Urban Analysis: The Use of Cognitive Mapping and Computer Procedures as Methodological Tools." In Environmental Design: Research and Practice, One, edited by W. Mitchell. Los Angeles: University of California, 1972.

[43] Federal Housing Administration. Land Planning Bulletin No. I. Successful Subdivisions: Planned as Neighborhoods for Profitable Investment and Appeal to Home Owners. Washington, D.C.:Superintendent of Documents, 1941.

[44] Federal Housing Administration. Underwriting Manual. Washington, D.C.: Author, 1947.

[45] Festinger, L., Schachter, S., and Back, K. *Social Pressures in Informal Groups*. New York: Harper, 1950.

[46] Fischer, C. S., Jackson, R. M., Stueve, C. A., Garson, K., Jones, L. M., and Baldassard, M. *Networks and Places: Social Relations in Urban Setting*. New York: Free Press, 1977.

[47] Flachsbart, P. G., and Phillips, S. "An Index and Model of Human Response to Air Quality." *Journal of the Air Pollution Control Association* 30 (1980): 759-768.

[48] Forshaw, J. H., and Abercrombie, P. *County of London Plan*. London: Macmillan, 1943.

[49] Fried, M. "Grieving for a Lost Home." In *The Urban Condition*. edited by L. J. Duhl. New York: Simon and Schuster, 1963.

[50] Fried, M., and Gleicher, P. "Some Sources of Residential Satisfaction in an

Urban Slum." *Journal of the American Institute of Planners* 27 (1961): 305-315.

[51] Frieden, B. J. *The Environmental Protection Hustle*. Cambridge: M.I.T. Press, 1979.

[52] Gallion, A. B., and Eisner, S. *The Urban Pattern: City Planning and Design*. New York: Von Nostrand, 1975.

[53] Gans, H. J. "Planning and Social Life: Friendship and Neighbor Relations in Suburban Communities." *Journal of the American Institute of Planners* 27 (1961): 134-140.

[54] Gans, H. J. *The Levittowners*. New York: Pantheon Books, 1967.

[55] Gans, H. J. *People and Plans*. New York: Basic Books, 1968.

[56] Garvey, J., Jr. "New, Expanding and Renewed Town Concepts." *Assessors Journal* 4 (1969): 49-57.

[57] Gibberd, F. *Town Design*. London: Architectural Press, 1953.

[58] Glazer, N., and Moynihan, D. P. *Beyond the Melting Pot.* Cambridge: M.I.T. Press, 1963.

[59] Godschalk, D. R. "Comparative New Community Design." *Journal of the American Institute of Planners* 33 (1967): 371-387.

[60] Goetze, R. *Building Neighborhood Confidence: A Humanistic Strategy for Urban Housing*. Cambridge: Ballinger Publishing Company, 1976.

[61] Gold, R. "Urban Violence and Contemporary Defensive Cities." *Journal of the American Institute of Planners* 36 (1970): 146-159.

[62] Gordon, N. J. "China and the Neighborhood Unit." *The American* City 61 (1946): 112-113.

[63] Goss, A. "Neighborhood Units in British New Towns." *Town Planning Review*

32 (1961): 66-82.

[64] Greenbie, B. B. "Social Territory, Community Health and Urban Planning." *Journal of the American Institute of Planners* 40 (1974): 74-82.

[65] Gropius, W. *Rebuilding Our Communities*. Chicago: Paul Theobald, 1945.

[66] Gutnov, A., Babunor, A., Djumenton, G., Kharitonva, S., Lezava, I., and Sadovskij, S. *The Ideal Communist City*. New York: George Braziller, 1968.

[67] Guttenberg, A. Z. "City Encounter and 'Desert' Encounter: Two Sources of American Regional Planning Thought." *Journal of the American Institute of Planners* 44 (1978): 399-411.

[68] Hartman, C. "Comment on 'Neighborhood Revitalization and Displacement: A Review of the Evidence.' " *Journal of the American Planning Association* 45 (1979): 488-491.

[69] Harvey, D. *Social Justice and the City.* Baltimore: Johns Hopkins University Press, 1973.

[70] Hendricks, F. and MacNair, M. Concepts of Environment Quality Standards Based on Life Styles with Special Emphasis on Family Cycle. *In Final Report on Planning. Designing and Managing the Residential Environment: Stage One.* I. Robinson (ed.). Los Angeles: School of Urban and Regional Planning, University of Southern California, 1969.

[71] Herbert, G. "The Neighborhood Unit Principle and Organic Theory." *The Sociological Review* 11 (1963): 165-213.

[72] Horton, F. E., and Reynolds, D. R. "*Effects of the Urban Spatial Structure on Individual Behavior.*" *Economic Geography* 47 (1971): 36-48.

[73] Isaacs, R. "Are Urban Neighborhoods Possiblery" *Journal of Housing* 5 (1948): 177-180. (a)

[74] Isaacs, R. "The 'Neighborhood Unit' is an Instrument of Segregation." *Journal of Housing* 5 (1948): 215-219. (b)

[75] Isaacs, R. "The Neighborhood Theory." *Journal of the American Institute of Planners* 14 (2) (1948): 15-23. (c)

[76] Isaacs, R. "The Neighborhood Concept in Theory and Application." *Land Economics* 25 (1949): 73-81.

[77] Keller, S. *The Urban Neighborhood: A Sociological Perspective*. New York: Random House, 1968.

[78] Kuhn, T. S. *The Structure of Scientific Revolutions*. Chicago: Chicago University Press, 1970 (second and enlarged ed.).

[79] Kuper, L. "Social Science Research and the Planning of Urban Neighborhoods." *Social Forces* 29 (1951): 241-247.

[80] Lansing, J. B., Marans, R. W., and Zehner, R. B. *Planned Residential Environments*. Ann Arbor, Mich,: Survey Research Center, 1970.

[81] Lee, T. "Urban Neighborhood as a Socio-spatial Schema." *Human Relations* 21 (1968): 241-288.

[82] Lefebvre, H. "The Neighborhood and Neighborhood Life." *Planification Habitat Information*. 75 (1973): 3-8.

[83] Levy, F. S., Meltsner, A. J., and Wildavsky, A. *Urban Outcomes: Schools, Streets, and Libraries*. Berkeley: University of California Press, 1974.

[84] Lineberry, R. L. "Equality, Public Policy and Public Services: The Underclass Hypothesis and the Limits to Equality." *Politics and Policy* 4 (1975): 67-84.

[85] London County Council. *The Planning of a New Town: Data and Design Based on a Study for a New Town at Hook, Hampshire*. London: Author, 1961.

[86] Low, N. "Centrism and the Provision of Services in Residential Areas." *Urban Studies* 12 (1975): 177-191.

[87] Lowenthal, D. *Environmental Assessment: A Comparative Analysis of Four Cities*. New York: American Geographical Society, 1972.

[88] Lubove, R. *The Progressives and the Slums*. Pittsburgh: University of Pittsburgh Press, 1962.

[89] Lynch, K. *The Image of the City*. Cambridge: M.I.T. Press, 1960.

[90] Lynch, K. *Managing the Sense of the Region*. Cambridge: M.I.T. Press, 1976.

[91] Lynch, K. *A Theory of Good City Form*. Cambridge: M.I.T. Press, 1981.

[92] Mann, P. H. "The Socially Balanced Neighborhood Unit." *Town Planning Review* 29 (1958): 91-98.

[93] Maslow, A. H. *Motivation and Personality* (2nd ed.), New York: Harper & Row, 1970.

[94] Mawby, R. I. "Defensible Space: A Theoretical and Empirical Appraisal." *Urban Studies*, 14, (1977): 169-180.

[95] McKie, R. "Cellular Renewal: A Policy for the Older Housing Areas." *Town Planning Review* 45, (1974): 274-290.

[96] Merry, S. "Defensible Space Undefended: Social Factors in Crime Control through Environmental Design." *Urban Affairs Quarterly*. 16 (1981): 397-422.

[97] Michelson, W. "Urban Sociology as an Aid to Urban Physical Development: Some Research Strategies." *Journal of the American Institute of Planners* 34 (1968): 105-108.

[98] Michelson, W. *Man and His Urban Environment: A Sociological Approach*. Reading, Mass.: Addison-Wesley, 1970.

[99] Milgram, S. "The Experience of Living in Cities." *Science* 167 (1970): 1461-1468.

[100] Milton Keynes Development Corporation. *The Plan for Milton Keynes*. Vol. 2, Wavendon near Bletch1ey, Buckinghamshire. England: Milton Keynes, 1970.

[101] Mumford, L. "Introduction." In *Toward New Towns for American*, edited by C. S. Stein. Cambridge: M.I.T. Press, 1951.

[102] Mumford, L. "The Neighborhood and the Neighborhood Unit." *Town Planning Review* 24 (1954): 256-270.

[103] Mumford, L. *The City in History: Its Origins, Its Transformations, and Its Prospects*. New York: Harcourt, Brace and World, 1961.

[104] Neiman, M. "From Plato's Philosopher King to Bish's Tough Purchasing Agent." *Journal of the American Institute of Planners* 41 (1975): 66-72.

[105] Newman, O. *Defensible Space: Crime Prevention through Urban Design*. New York: Collier, 1972.

[106] Osborn, F. J. and Whittick, A. *The New Towns: The Answer to Megalopolis?* London: Leonard Hill Books, 1969.

[107] Pahl, R. E. *Patterns of Urban Life*. London: Longmans, Green, 1970.

[108] Park, R. *Human Communities*. New York: Free Press, 1952.

[109] Perin, C. *With Man in Mind: An Interdisciplinary Prospectus for Environmental Design*. Cambridge: M.I.T. Press, 1970.

[110] Perry, C. A. *Housing for the Machine Age*. New York: Russell Sage Foundation, 1939.

[111] Pierce, S. *Analysis Across Several Population Variables of Neighborhood Elements Desired in the Residential Area*. Directed Research, Graduate

Program of Urban and Regional Planning, University of Southern California, 1976.

[112] Polanyi, M. *Personal Knowledge: Towards a Post-Critical Philosophy*. Chicago: University of Chicago Press, 1958.

[113] Porteous, J. D. *Environment and Behavior: Planning and Everyday Urban Life*. Reading, Mass.: Addison-Wesley, 1977.

[114] Protzen, J. P. "The Poverty of the Pattern Language." *UC Berkeley Newsletter* 1 (1977): 2-4, 15.

[115] Rainwater, L. "Fear and the House-as-Haven in the Lower Class." *Journal of the American Institute of Planners* 32 (1966): 23-31.

[116] Rawls, J. *A Theory of Justice*. Cambridge, Mass.: Belknap Press, 1971.

[117] Reimer, S. "The Neighborhood Concept in Theory and Application." *Land Economics* 25 (1949): 69-72.

[118] Reimer, S. "Hidden Dimensions of Neighborhood Planning." *Land Economics* 26 (1950): 197-201.

[119] Rich, R. C. "Equity and Institutional Design in Urban Service Delivery." *Urban Affairs Quarterly* 12 (1977): 383-410.

[120] Rich, R. C. "Neglected Issues in the Study of Urban Service Distributions: a Research Agenda." *Urban Studies* 16 (1979): 143-156.

[121] "Richard Sennett Lectures on Democratic Theory and Urban Form." *HGSD News*. Vol. 10. Cambridge: Harvard Graduate School of Design, 1982.

[122] Rittel, H., and Webber, M. "Dilemmas in a General Theory of Planning. " *Policy Sciences* 4 (1973): 155-169.

[123] Robinson, I. M., Baer, W. C., Banerjee, T. K., and Flachsbart, P. G. "Trade-Off Games." In *Behavioral Research Methods in Environmental Design*, edited

by W. Michelson. Stroudsburg, Pa.: Dowden, Hutchinson and Ross, 1975.

[124] Salley, M. A. "Public Transportation and the Needs of New Communities." *Traffic Quarterly* 16 (1972): 33-49.

[125] Schon, D. *The Reflective Practitioner*. New York: Basic Books, 1982.

[126] Schulze, W. D. "Ethics, Economics and the Value of Safety." In *Societal Risk Assessment: How Safe Is Enough*? edited by R. S. Schwing and W. A. Albers, Jr. New York: Plenum Press, 1980.

[127] Sennett, R. "The Brutality of Modem Families." *Transaction* 7 (1970): 29-37. (a)

[128] Sennett, R. *The Uses of Disorder*. New York: Vintage Books, 1970. (b)

[129] Sims, W. R. *Neighborhoods: Columbus Neighborhood Definition Study*. Department of Development, City of Columbus, Ohio, 1973.

[130] Slidell, J. B. *The Shape of Things to Come? An Evaluation of the Neighborhood Unit as an Organizing Schema for American New Towns*. Chapel Hill: Center for Urban and Regional Studies, University of North Carolina, 1972.

[131] Smithson, A., and Smithson, P. *Urban Structuring*. New York: Reinhold, 1967.

[132] Solow, A. A., Ham, C. E., and Donnelly, E. O. "The Concept of Neighborhood Unit: Its Emergence and Influence on Residential Environment Planning and Development." In *Final Report on Planning, Designing and Managing the Residential Envrionment: Stage One*, edited by I. M. Robinson. Los Angeles: Graduate Program of Urban and Regional Planning, University of Southern California, 1969.

[133] Spivack, M. "Archtypal Place." In *Environmental Design Research. Vol. 1*. edited by W. F. E. Preiser. Stroudsburg, Pa.: Dowden, Hutchinson and

Ross, 1973.

[134] Stein, C. S. *Toward New Towns for America*. Cambridge: M.I.T. Press, 1957.

[135] Sumka, H. J. "Neighborhood Revitalization and Displacement: A Review of the Evidence." *Journal of the American Planning Association* 45 (1979): 480-487.

[136] Suttles, G. D. *The Social Construction of Communities*. Chicago: The University of Chicago Press, 1973.

[137] Suttles, G. "Community Design: The Search for Participation in a Metropolitan Society." In *Metropolitan America in Contemporary Perspective*, edited by A. H. Hawley and V. P. Rock. New York: Wiley, 1975.

[138] Tannenbaum, J. "The Neighborhood: A Socio-psychological Analysis." *Land Economics* 24 (1948): 358-369.

[139] Thullier, R. *Air Quality Considerations in Residential Planning*. Vol. 1. Menlo Park, Calif.: S.R.I. International, 1978.

[140] Toffier, A. *Future Shock*. New York: Bantam, 1970.

[141] U.S. Department of Housing and Urban Development. *The 1978 HUD Survey of the Quality of Community Life: A Data Book*. Washington, D.C.: Office of the Policy Development and Research, HUD, n.d.

[142] Ward, C. *Vandalism*. London: Architectural Press, 1973.

[143] Webber, M. M. "Order in diversity: Community without Propinquity." In *Cities and Space: The Future Use of Urban Land*, edited by L. Wingo. Baltimore: Johns Hopkins University Press, 1963.

[144] Webber, M. M. "The Urban Place and the Nonplace Urban Realm." In *Explorations into Urban Structure*, edited by M. M. Webber. Philadelphia: University of Pennsylvania Press, 1964.

[145] Webber, M. M., and Webber, C. C. "Culture, Territoriality, and the Elastic Mile." In *Taming Megalopolis.* Vol. 1, edited by H. W. Eldredge. New York: Anchor Books, 1967.

[146] Wehrly, M. S. "Comment on the Neighborhood Theory." *Journal of the American Institute of Planners* 14 (1948): 32-34.

[147] Werthman, C., Mandell, J. S., and Dienstfrey, T. *Planning and the Purchase Decision: Why People Buy in Planned Communities*? Berkeley: Institute of Urban and Regional Development, University of California, 1965.

[148] White, M., and White, L. *The Intellectual versus the City*. New York: Mentor Books, 1962.

[149] Willis, M. "Sociological Aspects of Urban Structure: Comparison of Residential Groupings Proposed in Planning New Towns." *Town Planning Review* 39 (1969): 296-306.

[150] Willmott, P. "Housing Density and Town Design in a New Town." *Town Planning Review* 33 (1962): 114-127.

[151] Willmott, P. "Social Research and New Communities." *Journal of the American Institute of Planners* 32 (1967): 387-398.

[152] Wohlwill, J. *A Psychologist Looks at Land Use*. Paper presented at the Symposium on "Psychology and Environment in the 1980's," held at the University of Mississippi, Columbia, 1975.

[153] Wolch, J. "Residential Location and the Provision of Human Services." Professor Geographer 31 (1979): 271-276.

[154] Wolpert, J. "Behavioral Aspects of the Decision to migrate." *Papers and Proceeding of the Regional Science Association* 15 (1965): 159-169.

致　谢

首先，我们一定要向两个人致以特别的感谢。本书所报告的项目尽管是由我们完成的，但其发起者并不是我们，而是另有其人。如前言所述，项目的最初构想来自艾拉·鲁滨逊（现为卡尔加里大学环境设计系教授）和艾伦·科莱蒂特（现为南加利福尼亚大学城市与区域规划学院院长）。我们受他们的委托，在初始计划的基础上继续开展研究工作。虽然他们可能认为自己与研究成果的关系不大，但我们要特别感谢他们在项目初期对我们的努力充满信心，也感谢他们为我们提供了一个真正开展跨学科项目研究的宝贵机会。

项目的概念基础最早形成于1969年由艾拉·鲁滨逊组织的一次研讨会。研讨会就如何规划、设计和管理居住环境的各个方面提出了建议,并形成了五份意见书,其作者分别为: 弗朗西斯·亨德里克斯（Francis Hendricks）与马尔科姆·麦克奈尔（Malcom McNair）、巴克利·琼斯（Barclay Jones）及其同事、艾伦·科莱蒂特、阿纳托尔·索洛（Anatole Solow）及其同事，以及莫里斯·凡·阿斯道尔（Maurice Van Arsdol）。一些著名的社会学家也对意见书展开了评论,其中有: 珍妮特·阿布－卢歌德(Janet Abu-Lughod)、唐纳德·福利（Donald Foley）、罗伯特·古特曼（Robert Gutman）、欧文·霍克（Irving Hoch）以及保罗·尼班克（Paul Niebanck）。对于我们来说，这些意见书和学者们的评述是一个重要的知识宝库，在整个项目开展过程中，我们一再从中汲取营养，尤其在感觉迷失了研究方向时更是如此。

另一个专家小组深入细化和阐释了总体研究目标和调查重点。他们于1971年在洛杉矶会面，就在我们正式加入项目组之前。这些专家们的讨论内容都概括在各种会议记录和备忘录中，成为我们研究方案的重要背景。项目的调研方向明显受到了这些专家意见的影响，在这里，我们要向这些不同专家小组的成员们表示感谢，他们分别是：阿里·巴奴阿兹（Ali Banuazzi）、利兰·伯恩斯（Leland Burns）、丹尼尔·卡森（Daniel Carson）、斯图尔特·蔡平（Stuart Chapin）、伊多·德·格鲁特（Ido de Groot）、斯蒂夫·弗兰克尔（Steve Frankel）、马克·弗里德（Marc Fried）、切斯特·哈特曼（Chester Hartman）、斯坦利·卡斯尔（Stanley Kasl）、威廉·米切尔森（William Michelson）、乔治·彼得森（George Peterson）、克米特·斯库勒（Kermit Schooler）、戴维·斯泰亚（David Stea）、加里·温克尔（Gary Winkel）以及迈尔·沃尔夫（Myer Wolfe）。

在项目初期，一个由规划人员和社会科学家组成的团队制定了最终的研究方案，我们也是这个团队的成员。在这里，我们要向所有成员表示衷心的感谢和诚挚的敬意。政策关联性具有一定的不确定性，没有人能够界定清楚，每一位成员都时常感到自己为此而牺牲了学科的纯净性。然而，我们在项目的后期阶段发现，研究方案对大多数研究目标都做了精心策划，而且当时的创新点在今天也仍然经受得住考验。当时的团队同事分别是：凯·比克森（Kay Bickson）、基思·科里格尔（Keith Corrigal）、彼得·弗拉切巴特（Peter Flachsbart）、乔伊斯·赫尔曼（Joyce Herman)、蕾妮·古尔德(Renee Gould)、康斯坦丝·佩林(Constance Perin）、玛莎·鲁德（Marsha Rood）、加里·沙尔曼（Gary Schalman），以及埃德·萨德拉（Ed Sadalla）。弗吉尼亚·克拉克(Virginia Clark)为项目的抽样设计提供了帮助，德博拉·汉斯勒（Deborah Hansler）对项目调查方法提出过建议。我们期望上述诸位对我们的工作不会过于失望，他们提出来的许多想法都已付诸实施,尽管没有严格按照他们的要求进行。彼得·戈登(Peter Gordon）现在仍是我们在南加利福尼亚大学的同事，他也为我们提供了思路和建议，不过，恐怕我们对他早期提出来的一些劝告并没有给予足够重视，直到后来才充分认识到这一点。我们还要感谢凯·达克沃斯（Kay Duckworth）及其同事们对采访结果进行的筛选。南加利福尼亚大学的许多学生在项目初期做了采访工作，对于他们的贡献我们一并表示感谢。

在项目的第二阶段，弗兰克·韦恩（Frank Wein）、赛义德·马哈茂德（Syyed Mahmood）、马克·梅林科夫（Marc Melinkoff）、吉姆·巴伯(Jim Barber)以及丹尼尔·格林(Daniel Green）等人付出了辛苦努力。他们勤勤恳恳地完成了采访工作，并把资料信息转化为清晰有效的形式用于分析。东洛杉矶社区联盟（TELACU）是东洛杉矶地区的一个规划组织，在这一阶段，他们在采访说西班牙语的西班牙裔受访者的工作中做出了宝贵的贡献。史蒂夫·皮尔斯（Steve Pierce）和查尔斯·诺瓦尔（Charles Noval)在我们的初步研究分析中也给予了特别帮助，还有吉尔·斯特雷特（Jill Sterrett）也同样对初稿提供了研究帮助。我们还要提到理查德·富士川町（Richard Fujikawa），他对手稿的最终完成也做出了贡献。

初稿完成之后，项目研究暂停了一段时间。在此期间，我们反复思考已经撰写出来的内容是否与我们认为应该撰写出来的内容有所出入。有一些人在早期就浏览过初稿，包括已故的凯文·林奇（Kevin Lynch）和已故的唐纳德·阿普尔亚德（Donald Appleyard）（他也是较早时期的专家小组成员之一）。他们两位最先指出初稿尚需修正完善。（在随后的数年时间里，唐纳德时时提醒我们应该完成此书。他的热情鼓励对我们来说意义重大。我们多么希望他能够看到最终成果！）在这里，我们还要向弗兰吉·班纳吉（Frankee Banerjee）表示感谢，感谢她及时地提出批评，最终使我们没有一叶障目，不见森林。无论最终版本有多少不尽如人意之处，但相较之前已大有改善，我们认为原来各稿错漏更多。

书稿一改再改，为此我们要特别感谢雪莉·罗克（Shirley Rock）和玛丽莲·埃利斯（Marilyn Ellis）。雪莉·罗克数次打字录入书稿，还不厌其烦地容忍我们在最后一刻做出各种决策和修改；玛丽莲·埃利斯在最后几周时间里协助我们完成了手稿。

我们还要感谢城市与区域规划学院以及其他部门的同事们。在我们年复一年地谈论完成书稿事宜时，他们从未在我们面前流露讥讽之色。其谦恭礼貌的修养多少减轻了一些我们的挫败感。

我们要向Plenum出版社的丛书编辑劳伦斯·萨斯坎德（Lawrence Susskind）致以特别的感谢，感谢他给予的忠告和建设性意见；也特别感谢加里·哈克（Gary Hack）和维克多·雷尼尔（Victor Regnier），他们二位审阅了终稿，并提出了一些补充性见解和思路，来提升最终版本的质量。玛乔丽·卡佩拉里

（Marjorie Cappellari）的编辑工作也及时、到位，对我们帮助巨大。还要特别提到的是，除了公共卫生署的基金资助（在前言中致谢过），联合包裹服务基金会（United Parcel Service Foundation）通过斯坦福大学也提供了一笔休假补助，在主基金到期后的很长时间里，这笔资金帮助我们填补了资料分析所需要的额外开支。我们还要感谢南加利福尼亚大学城市与区域规划学院的管理部门所给予的众多后勤服务和物资援助。

最后，我们要向各自的妻子——弗兰吉·班纳吉和苏西·贝尔（Susie Baer）致以最诚挚的谢意！研究工作进展缓慢，她们一定为此互相交流过埋怨之情，然而在我们面前，她们却给予了全力的支持和充分的理解。我们还要向各自的孩子们致以谢意，至少要承认，因为本书写作而亏欠了许多本应该与他们共同度过的美好时光。

特里迪布·班纳吉

威廉·克里斯托弗·贝尔